農協のフィクサー

千本木啓文

Senbongi Hirobumi

講談社

農協のフィクサー

農協のフィクサー

【目次】

装幀　岡　孝治

プロローグ　農協の独裁者、中川泰宏とは何者なのか

京都の農協（農業協同組合）のトップに二七年以上にわたって君臨する中川泰宏は「ラジオ番組の主役」「小泉チルドレン」――として、京都府で高い知名度を誇る。彼を改革者と見る府民も少なくない。だが、中川には知られざる一面がある。農協の「労働組合潰し」や悪質な「地上げ」などに手を染めているのだ。

「こわもて」を自認する中川には、独特の威圧感がある。坊主頭に鋭い眼光――、そして何よりも、幼い頃に患《わずら》った小児まひの影響で足が不自由なことが、彼に特異な迫力を与えている。

筆者が中川を初めて見たのは二〇一二年、ある会議を取材したときのことだった。彼は障害のある足を懸命に動かして歩く。室内は肌寒いぐらい冷房が効いているのに、席を立って十数メートルを移動する間に額に大粒の汗を浮かべていた。彼はそれをハンカチで拭いつつ、ゆさゆさと体を揺らしながら会場を後にした。

中川の足には、「一生、車椅子の生活になってもおかしくなかった」（本人談）というほどの障害があるが、最近まで車椅子はおろか杖を使っているところすら見せなかった。他人や物にでき

るだけ頼らず自力で歩くこと、そのために厳しいトレーニングを続けることは、中川の生き様そのものといっても過言ではない。

本人も認めているように、彼は、障害を「名刺代わり」や「交渉の武器」にすることでビジネスや政界でのし上がってきた。町長選挙に再挑戦した四一歳の冬、中川が町内を練り歩く姿は有権者の心を打った。町長として同和団体から糾弾された際の〝殺し文句〟は「差別や障害の痛み、悲しみは私が身にしみてわかっている。その切なさを解決するためにはどうすればよいか話し合おう」というものだった。まさに中川の足は、名刺であり武器なのだ。

ただ、中川のオリジナリティーは、善行にばかり使われたのではなかった。中川の同級生は筆者にこう語った。

「障害に負けず頑張っているのはわかる。だが、グレーなことをやらかしているときに、健常者であれば批判を受けて当然の場面でも、周りの者が何となく遠慮して言葉を飲み込んでしまうことがあった」

前述の労組潰しや地上げをはじめとして、中川の不正や疑惑は枚挙にいとまがないが、真っ向から彼を批判できるのは同郷の有力者、野中広務・元自民党幹事長ぐらいしかいなかった。

地元の京都はともかくとして、全国的には知名度が高いとはいえない中川だが、彼が動かしている組織は強大だ。会長を務める「ＪＡバンク京都信連（京都府信用農業協同組合連合会）」が集める貯金残高は一兆二五六七億円（二〇二二年九月末現在）。副会長を務めるＪＡ共済連（全国共済農業協同組合連合会、ＪＡグループで保険を扱う全国組織）の保有契約高は二二七兆円

中川泰宏氏

（二一二年上半期現在の長期共済の契約高）を超え、第一生命など大手保険会社と肩を並べる。JA共済連の手足となって保険商品を売り歩く農協の職員数は、一八万六〇〇〇人（二〇年度）に上る。

本書では、「農協の独裁者」がなぜ誕生したのか、政敵、野中との激しい権力闘争、中川のフィクサー然とした裏の顔などをつまびらかにし、地方政界、農協組織にいまだはびこる「昭和の膿《うみ》」の実態を明らかにしていきたい。

なお、本文中においては敬称は略させていただいた。

第一章

「コメ産地偽装疑惑」報道、七億円裁判の顛末

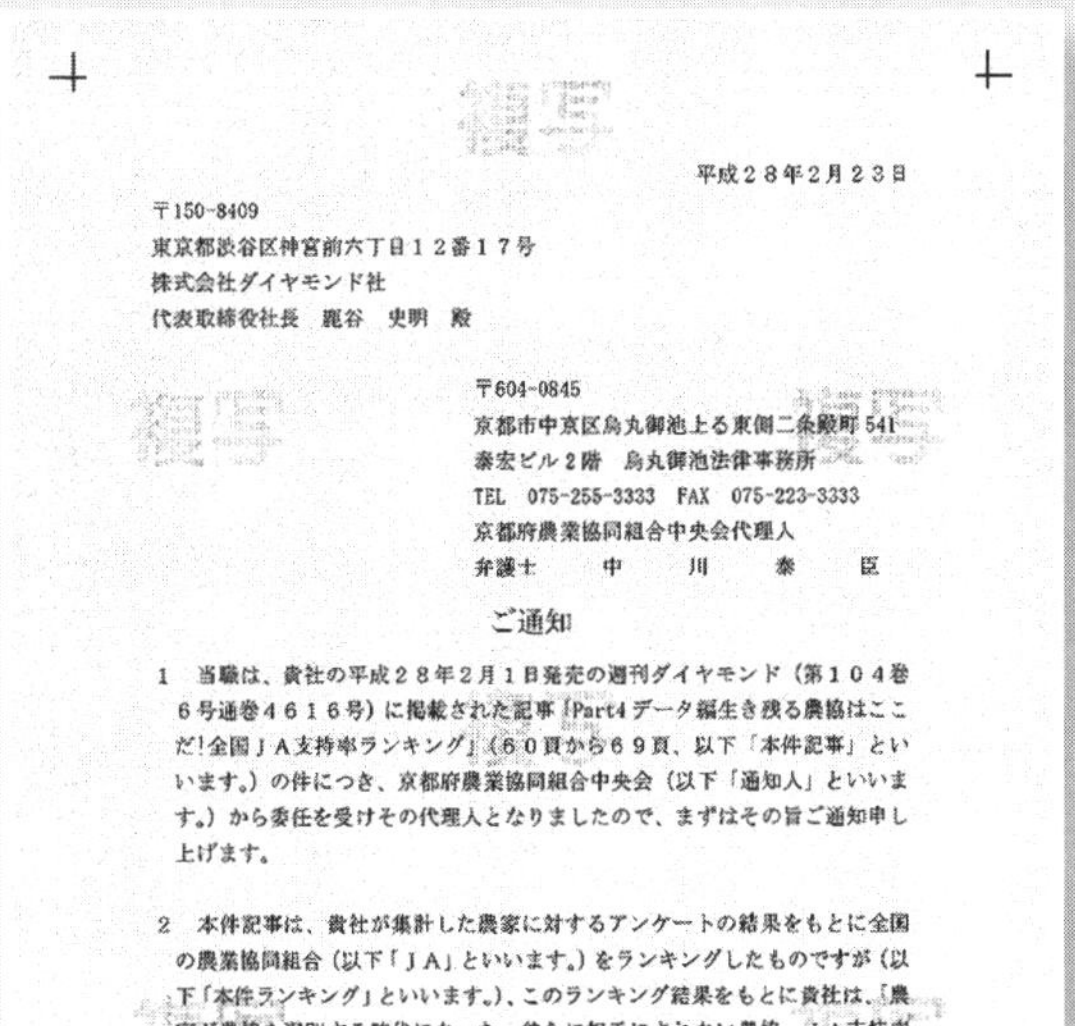

平成２８年２月２３日

〒150-8409
東京都渋谷区神宮前六丁目１２番１７号
株式会社ダイヤモンド社
代表取締役社長　鹿谷　史明　殿

〒604-0845
京都市中京区烏丸御池上る東側二条殿町 541
泰宏ビル２階　烏丸御池法律事務所
TEL　075-255-3333　FAX　075-223-3333
京都府農業協同組合中央会代理人
弁護士　　中　　川　　泰　　臣

ご通知

1　当職は、貴社の平成２８年２月１日発売の週刊ダイヤモンド（第１０４巻６号通巻４６１６号）に掲載された記事「Part4 データ編生き残る農協はここだ!全国ＪＡ支持率ランキング」（６０頁から６９頁、以下「本件記事」といいます。）の件につき、京都府農業協同組合中央会（以下「通知人」といいます。）から委任を受けその代理人となりましたので、まずはその旨ご通知申し上げます。

2　本件記事は、貴社が集計した農家に対するアンケートの結果をもとに全国の農業協同組合（以下「ＪＡ」といいます。）をランキングしたものですが（以下「本件ランキング」といいます。）、このランキング結果をもとに貴社は、「農家が農協を選別する時代になった。彼らに相手にされない農協、ＪＡ支持率の低い農協は、生き残ることができないのだ。」（６５頁の末尾）とされています。本件ランキングでは、京都農業協同組合のＪＡ支持率ランキングは１２７ＪＡ中１１８位であり、京都府の支持率ランキングは東京都を除く４６道府県中４３位、期待度ランキングは３８位となっています。

受付通番：20160223164707００100001 号
1／ 2頁

JA京都中央会からの初の抗議文

1　はじまりは訴訟示唆の抗議文

突然だが、中川泰宏と筆者は、因縁の相手だといえる。ダイヤモンド編集部に所属する筆者の記事を、中川が「断じて許さん」と公言するようになったきっかけは、二〇一七年に書いたある記事だった。それは、中川が会長を務めるＪＡグループ京都（京都府内の五つの農協とその上部団体でつくるグループの総称）の米卸、京山《きょうざん》が販売したコメに中国産米が混入していた疑いがあるとする内容である。

この産地偽装米疑惑のニュースは大きな反響を呼び、農林水産省が京山に立ち入り検査を行ったり、国会で問題が取り上げられたりして、行政や政治家を巻き込んだ騒動に発展した。ＪＡグループ京都はダイヤモンド社に六億九〇〇〇万円の損害賠償を求める訴訟を起こすことになる。

だが、その衝突に先立って、中川と筆者の間には前哨戦があった。

データに基づく記事を政治力や脅しでつぶそうとする体質

筆者は当該の記事を公表するに当たり、同位体研究所という検査機関に産地判別を依頼し、

「魚沼産」や「滋賀産」として売られていたコメに中国産と判別されるコメが混入している疑いを指摘する報告書を受け取っていた。

同位体研究所は、農水省が産地偽装を摘発するための調査（産地表示適正化対策委託事業）を一二年度から六年連続で独占して受託していた。同調査を請け負うには、産地判別で九割以上の検査精度があることをブラインドテストで証明しなければならないので、その信頼性はすでに実証済みだった。

だが、中川が会長を務めるＪＡ京都中央会（京都の農協の上部団体で、農政運動や農協の経営支援などを行う組織）は、「同位体研究所の産地判別は信頼できない」という悪評を流布して記事を真っ向から否定してきた。同位体研究所による産地判別の精度にお墨付きを与えていたはずの農水省の中にすら、ＪＡ京都中央会が流す悪評に同調する官僚が存在していた。

そういうわけで、筆者は産地偽装疑惑の記事を巡って四年間にわたってＪＡ京都中央会などと法廷で争うことになる。その顚末《てんまつ》は後ほど詳述するとして、ここでは当該の記事を執筆する前から中川と筆者の間にあった諍《いさか》いについて書いておきたい。

実は、記事を公開する一年前から、ＪＡ京都中央会はダイヤモンド編集部に対して訴訟をちらつかせてプレッシャーをかけてきていた。本稿では、ＪＡ京都中央会の内部文書などから、訴訟を示唆して圧力を掛ける抗議のやり口を明らかにする。

筆者が初めてＪＡ京都中央会の代理人である中川泰臣（同会会長の中川泰宏の長男で弁護士）

名義の内容証明郵便を受け取ったのは、産地偽装疑惑の記事の一年前のことだった。

ダイヤモンド編集部が全国の農家一九二五人からアンケートの回答を得て、各地の農協への評価を順位付けした「全国JA支持率ランキング」に抗議する内容だった。中川が会長を務めるJA京都が一二七農協中一一八位と低位だったことが不満だったらしく、ランキングが京都府の農協の名誉を毀損しているとして、謝罪文と訂正文を『週刊ダイヤモンド』に掲載することを要求してきた。

文書は、「万が一、貴社（ダイヤモンド社のこと）が要求に応じない場合は、本件の真実を明らかにするために訴訟等の法的措置に移行せざるを得ないことを念のため申し添えます」という一文で締めくくられていた。

この抗議文に対してダイヤモンド社は、「謝罪や訂正をする意思はありません」と回答。二通目の抗議文には、「ランキングには違法性はありません。したがって、当社は、貴社の要求に応じる意思がありません」と答えた。

結局、JA京都中央会からの抗議は途絶え、提訴してくることはなかった。「法的措置に移行せざるを得ない」という通告はただのブラフだったのである。

JA全中による抗議を強硬にすべく、グループ内で突き上げていた

その後の取材で、JA京都中央会は全国の農協を巻き込んでダイヤモンド社に圧力をかけよう

としていたことがわかった。

以下は、ＪＡ京都中央会が全国の農協を束ねるＪＡ全中（農政運動や農協の経営支援、農協の職員教育などを行う組織）に送った内部文書だ。ＪＡ全中のダイヤモンド社への「手ぬるい」対応を強い言葉で批判している。

この文書はＪＡ全中がダイヤモンド編集部に対して出した抗議文について、「先般、貴会（ＪＡ全中のこと）広報部長名で週刊ダイヤモンド編集長宛に抗議文を送達されたところでありますが、その内容は形だけのものであり、同記事内容に非常な危機感、憤りを抱く全国のＪＡ・中央会・連合会が、貴会に期待した対処内容からは、かけ離れたものでありました」とこき下ろしている。

実際には、全国の農協がランキングに憤っていたわけではなく、ランキングで上位に入った農協は記事をポジティブに受け止めていた。企画の趣旨に賛同し、翌年の特集でインタビューに応じてくれた農協の組合長もいたほどだった。

ランキングを巡る抗議文などのやりとりで浮き彫りになったのは、第三者から論評されることに、過剰なまでに拒否反応を示すＪＡ京都中央会の体質である。

ＪＡグループ京都は、海外できらびやかな晩餐会を開いたり（詳細は第五章の4参照）、経営規模の大きい農業法人と定期的に情報交換を行ったりして、見掛け上、農業振興に力を入れていることになっている。

ところが、農家にアンケートで実態を聞いてみると、ＪＡグループ京都の盟主的存在であるＪ

平成２８年２月２９日

全国農業協同組合中央会
常務理事　金井　　健　様

京都府農業協同組合中央会
専務理事　　牧　　克　昌

週刊ダイヤモンド記事に対する抗議について

標記については、先般、貴会広報部長名で週刊ダイヤモンド編集長宛に抗議文を送達されたところでありますが、その内容は形だけのものであり、同記事内容に非常な危機感、憤りを抱く全国のＪＡ・中央会・連合会が、貴会に期待した対処内容からは、かけ離れたものでありました。

つきましては、本会では、顧問弁護士と相談を重ね、平成２８年２月２３日付けで、㈱ダイヤモンド社代表取締役社長宛に、別添文書を内容証明郵便にて送達いたしましたので、貴殿にもその写しを送付いたします。

JA京都中央会がJA全中に送った内部文書

A京都（会長＝中川）への農家からの評価が極めて低いことがわかった。

一六年のアンケートにはJA京都の農家一七人が回答したが、農協への支持率はたった一八・四パーセントだった。農家に農業に関わる五つの分野について農協を評価してもらい、満点を一〇〇パーセントとして各農協の支持率を算出した。

五分野とは次の通りである。

（1）農協の農産物の販売力（質問は、農協の農産物の販売事業を定期的に利用するか、最近、農協の販売力は向上したかなど）

（2）生産資材の供給力（質問は、農協の生産資材の購買事業を定期的に利用するか、価格・品質は改善したかな

ど）

（3）農業への融資力（質問は、農協から農業融資を受けているか、農協の農業融資は改善したかなど）

（4）新規就農支援（質問は、就農者の研修をしているか、農協の新規就農サポートは改善したかなど）

（5）地域のインフラ機能（質問は、給油所やスーパー、介護など農協の施設を定期的に利用するか、農協は地域の生活に不可欠だと思うかなど）

一般的に、地域の長老が牛耳る農協に対して農家があけすけにモノを言うことは難しく、批判的な声は抑え込まれることが多い。ランキングはこうした農家の声を代弁するためのものだった。

農家に実態を聞くアンケートを妨害

抗議文をＪＡ京都中央会から受け取って、筆者はむしろアンケートを実施した意義があったと感じた。

同時に、回答した農家の声に真摯《しんし》に耳を傾けることなく、訴訟をちらつかせてメディアを威嚇するＪＡ京都中央会という組織の裏に闇があるのではないかという疑念を抱いた。

ダイヤモンド編集部は一六年以降も六年以上にわたって農家アンケートを実施し、農協ランキングを公表している。その間、JA京都への農家からの評価は低空飛行を続けた。

JA京都中央会はダイヤモンド編集部のアンケートを苦々しく思い続けていたようだ。中川の右腕である同会専務、牧克昌は一八年に、アンケートに協力しないよう京都府の農家に「口封じ」を行っていたことを明らかにしている。

しかし本来、京都府の農家は独立心が旺盛で農協からの圧力で口を閉ざすような人々ではない。JA京都の農家の回答者は、直近の二一年のアンケートでは一八人で、当初からむしろ増えているのがその証だ。

JA京都中央会は、農家が匿名で答えるアンケートが実施され、その結果が公にされることを極度に恐れているように見える。筆者がそれを確信したのは、一八年にJA全中が全国の農協職員に全組合員宅を訪問させて行うアンケート調査を実施したときのことだ。農協の上部組織が音頭を取ったというのに、京都府の農協は調査そのものへの参加を拒否した。

匿名でのアンケート調査の代わりにJA京都中央会が実施したのが、「JA組合員の意向を把握する会」という対面でのヒアリングだった。府内二一ヵ所で開催し、すべての会に中川が出席した。いくら京都府の農家が独立心旺盛といえども、府内のすべての農協とその職員を支配している中川に面と向かってモノ申せる人物はさすがにいない。

事実、JA京都中央会がまとめたヒアリングの報告書は、農協や中川が進める改革を称賛する組合員の発言が並ぶ自画自賛的なものだった。

京山の産地偽装疑惑を調査

筆者は産地偽装疑惑の記事を公表する前年から、北陸の農協組織が販売するコメを買い求め、流通経路などを調べていた。

京山を知ったきっかけは、実は、前述のランキングを巡るＪＡ京都中央会とのやりとりとはまったく関係なかった。

当時、関西でコメの安売り合戦が過熱していた。そこで、売価を下げるために品質が悪いコメや外国産米を混ぜているのではないかという仮説を立てた。仮説を検証するために大阪市内のスーパーで目玉商品として売られているコメを精米した業者などを取材していたところ、ある米卸業界関係者から「京山」という米卸が疑わしいという情報を得た。

調べてみると、京山はＪＡグループ京都の米卸で近年、経営が悪化していた。過去の産地偽装事件では、業績が低迷している米卸が偽装に手を染める例が多い。筆者は京山のコメを重点的に調べることにした。

検査機関から産地判別の結果を得て記事にするまでの経緯は前述の通りだが、記事公開前にＪＡ京都中央会に質問状を送ったところ、回答として次頁の文書を受け取っていた。

ＪＡ京都中央会は、質問状を受け取ってからたった一日で「『京山が、中国産米をブレンドした米を国産のコシヒカリとして販売した事実』はありません」と断言している。

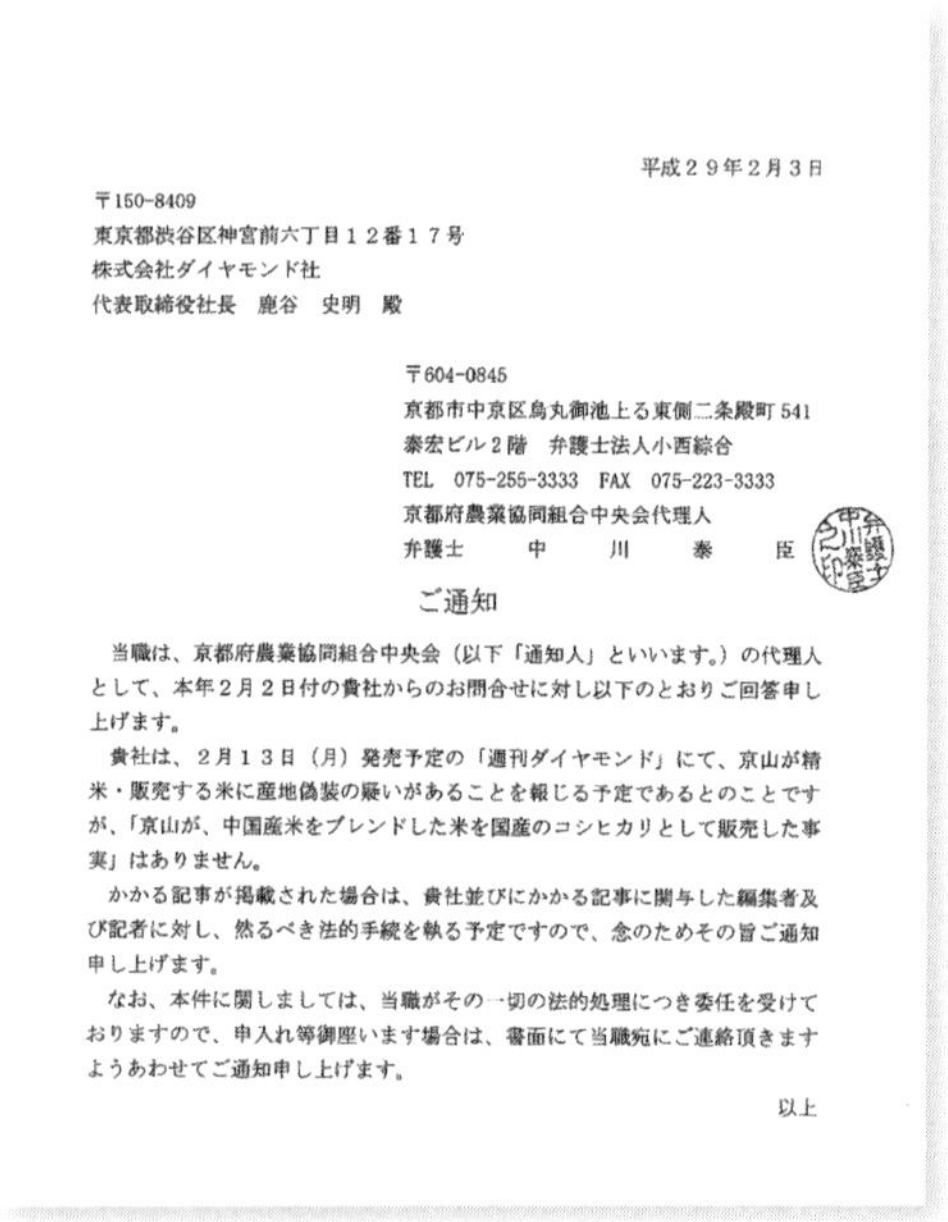

平成２９年２月３日

〒150-8409
東京都渋谷区神宮前六丁目１２番１７号
株式会社ダイヤモンド社
代表取締役社長　鹿谷　史明　殿

〒604-0845
京都市中京区烏丸御池上る東側二条殿町 541
泰宏ビル２階　弁護士法人小西綜合
TEL　075-255-3333　FAX　075-223-3333
京都府農業協同組合中央会代理人
弁護士　　中　　川　　泰　　臣

ご通知

当職は、京都府農業協同組合中央会（以下「通知人」といいます。）の代理人として、本年２月２日付の貴社からのお問合せに対し以下のとおりご回答申し上げます。

貴社は、２月１３日（月）発売予定の「週刊ダイヤモンド」にて、京山が精米・販売する米に産地偽装の疑いがあることを報じる予定であるとのことですが、「京山が、中国産米をブレンドした米を国産のコシヒカリとして販売した事実」はありません。

かかる記事が掲載された場合は、貴社並びにかかる記事に関与した編集者及び記者に対し、然るべき法的手続を執る予定ですので、念のためその旨ご通知申し上げます。

なお、本件に関しましては、当職がその一切の法的処理につき委任を受けておりますので、申入れ等御座います場合は、書面にて当職宛にご連絡頂きますようあわせてご通知申し上げます。

以上

JA京都中央会からの2度目の通知書

コメの流通は複雑で、いつ想定外のコメが混入するかはわからない。精米工場のみならず、農家段階、集荷した農協段階、物流段階まで調べなければ軽々に混入の有無を断言できるわけがない。実際に、農水省が行った京山の調査は、一定の結論を出すまでに四ヵ月を要している。

回答文には、産地偽装疑惑の記事を掲載すれば提訴する旨が書かれていたが、ダイヤモンド編集部は記事を公表した。記事には科学的な裏付けがあったので怯《ひる》む必要はなかった。

記事公開後、中川の政治力を駆使したネガティブキャンペーンが展開されることは覚悟していた。だが、実際には、自民党の農林族議員や農水省の官僚を巻き込んだ、想像を超える圧力が待っていた。

2　自民党の小泉進次郎農林部会長に圧力

筆者は二〇一七年、ＪＡグループ京都の米卸、京山が販売したコメに中国産米が混入していた疑いがあるという記事を書いた。すると早速、記事に対するネガティブキャンペーンが展開された。ＪＡグループ京都会長の中川と親しい政治家らが、疑惑の真相を解明しようとする改革派に圧力をかけたのだ。

コメの産地偽装疑惑を報じた記事へのネガティブキャンペーンは、記事を公開した二月一三日から始まっていた。

同日朝、ある国会議員から筆者に電話があり、「ダイヤモンド社は（中川泰宏が会長を務めるＪＡ京都中央会などと）闘い抜く覚悟はあるのか？」と聞かれた。永田町かいわいではダイヤモンド編集部が記事を撤回、謝罪するといううわさが何者かによって流されていた。

筆者は「記事の撤回などあり得ないし、主張を曲げることもない」と答えたが、国会議員の口ぶりから、早くも記事をつぶそうとする動きが始まっていることに軽い胸騒ぎを覚えた。

二日後の一五日、京山はダイヤモンド社に損害賠償を請求する訴状を公表した。ご丁寧にも「週刊ダイヤモンド」に掲載を求める謝罪文の〝見本〟が、あたかもダイヤモンド社が作成した文書であるかのように訴状に添付されていた。

この文書が永田町で出回り、「『ダイヤモンド社が記事の誤りを認め、白旗を揚げた』といううわさが広がっていた」（自民党関係者）という。

京山は訴状だけではなく、記事への反論などを次々とプレスリリースしていたのだが、その中には事実に反することが含まれていた。

裁判での勝敗に関わる重要な事実の真偽については後述する。ここでは一見ささいなウソだが、京山の体質を象徴している情報発信の例を挙げておきたい。それは、公表資料にあった「現在、農水省に調査を依頼しており、いずれ事実が明らかになる」という一文である。

京山への立ち入り検査を実施していた農水省に取材したところ、担当部署は「業者から依頼されて身の潔白を証明する検査などしない」（食品表示・規格監視室）と、京山のプレスリリースの内容をはっきりと否定した。

この件については一五日の国会（衆議院農林水産委員会）でも取り上げられた。農水省の消費・安全局長だった今城健晴（京山への立ち入り検査を指揮した人物）が「まったくそういう（依頼を受けた）事実はない。それは違うと京山に申し入れた」と答弁した。

「いずれ事実が明らかになる」と信頼回復に自信を見せる企業が、それと同時に事実に反する内容を発信していることは理解に苦しむ。

後に、京山が「依頼」という言葉を使うに至った経緯に中川が関わっていたことを、JA京都中央会専務の牧克昌が明らかにしている。

牧によれば、農水省の職員が立ち入り検査のために京山を訪れた際、同社社長が牧に電話して検査を受け入れていいかどうかお伺いを立ててきた。その際、牧と同じ車に乗っていた中川が「うちは悪いことせえへんさかいに全部見てもらえ」と牧に指示した。それを受け、牧が「協力して、ちゃんと調べてもらえ」と京山社長に伝えたため、農水省に「依頼した」という表現になったのだという。外部者からは理解し難い内輪の論理だが、それがそのまま外部に発信されてしまうところにＪＡグループ京都という組織の病が表れている。

実は、国会でこの問題を追及し、今城から答弁を引き出したのは当時の自民党農林部会長の小泉進次郎だった。

小泉がこの国会質疑に立つ直前、元農相で農林族のドンだった西川公也から圧力を受けていたことはあまり知られていない。小泉はどのような言葉を掛けられたのか。

小泉進次郎の国会質問前に元農相が「トーンを落としてね」

小泉が受けた圧力の具体的な話に入る前に、中川と西川の親密な関係をおさらいしておこう。西川は、ＪＡグループ京都が関わる海外晩餐会に一六年度以降四回連続で招待されるなど、中川が最も親しい国会議員の一人だった（詳細は第五章の４参照）。

産地偽装疑惑の記事が公開された当時、西川は畜産業の全国団体である中央畜産会の会長の座を農林族のライバルだった森山裕と争っていた。両者とも譲らず、同会長ポストが空席となる異例の事態になっていたが、この人事抗争で、西川を後方から支援していたのが中川だった。

牧によれば、産地偽装疑惑の記事公開後、西川は記事が根拠にしていた「安定同位体比に基づく産地判別」という検査手法が未確立だとする資料を国会図書館で探し出し、牧らに提供した。つまり当初からＪＡ京都中央会に肩入れしていたのだ（ちなみに、ＪＡ京都中央会などが裁判所に提出した資料は年次が古く、安定同位体比に基づく産地判別が信頼に足る検査手法として確立する前の時代のものだったため、有効な証拠として認められることはなかった）。

その西川が、国会で質疑に立つ直前の小泉に圧力をかけたのだ。

実は、筆者もその現場にいたのだが、記者席は国会議員らから遠く二人の会話までは聞こえなかった。その内容を筆者が知ったのは今城の肉声によってだった。今城が一七年七月に農水省を退官してから半年後、京都市内で牧と会食した際、西川と小泉の会話や京山への立ち入り検査が実施されるまでの経緯などを漏らしたのだ。

その会食の一部始終は牧らによって無断で録音されていた。ＪＡ京都中央会はその音声データをダイヤモンド社との訴訟の証拠資料として提出するという常識外れの訴訟戦略に打って出たのである。

今城は立ち入り検査の指揮官だったにもかかわらず、検査を受けた京山の関係者である牧に（牧は以前、京山の役員を務めていた）、筆者が記事の掲載後に農水省事務次官の奥原正明と面会していたことや、奥原が立ち入り検査を指示した経緯などをリークした。筆者が奥原と会っていたことは、牧との会食以前に、牧の上司である中川にはすでにご注進していた。

農林水産委員会での西川の圧力について、今城は、牧に次のように明かした。

「西川さんが、ぐるぐると（質疑に立つ前の）小泉さんのところへ歩いて来て、小泉さんに、『まあ、ちょっとトーンを落としてね』と言うのが、私は真後ろに座ってますから距離五〇センチぐらいしかないので聞こえた。それで、ちょっと（小泉の質問のトーンが前日より）落ちたんです」

今城はその前日、小泉に呼ばれてコメの産地偽装の実態や、記事が根拠にしていた安定同位体比に基づく産地判別を実施した同位体研究所について事細かに聞かれていた。今城によれば、「最初（小泉）は（中国産米が混入していたと）決め付けるようだった」が、西川の圧力によって、「前の勢いよりはだいぶ（トーンが）落ちて、『ちゃんと調べてください』みたいなトーンになった」のだという。

西川は当時、「すべての政策は西川の了解がないと前に進まない」（農水省幹部）というほどに農業政策を牛耳っていた。西川が今城に直接、立ち入り検査で手心を加えるように指示したのかどうかは不明だが、「五〇センチ」の至近距離で、今城に聞こえるように小泉に圧力をかけたことの意味は小さくなかっただろう。

立ち入り検査の指揮官・農水省局長がＪＡ京都中央会と癒着の疑い

ところで、ＪＡ京都中央会が無断で録音した音声データを裁判所に提出した狙いは、今城が同位体研究所の産地判別の信ぴょう性を疑う発言をしたことを示すためだった。

だが、裁判所はそれを有効な証拠として採用しなかった。本人の同意なく録音されており、今城自身が自分の発言と認めていなかったことや、今城が京都市に招待され、ＪＡ京都中央会が予約したフランス料理のレストランで、酒に酔った状態で話した内容であったためとみられる。

ＪＡ京都中央会が録音場所を「レストラン」ではなく、ＪＡ京都中央会などが入居するオフィスビルである「ＪＡ会館」だと偽っていたことも裁判官の心証を悪くしたのかもしれない（ダイヤモンド社の指摘を受けて、ＪＡ京都中央会は、録音場所の誤りを訂正した）。

酒席での会話には、ＪＡ京都中央会の意図とは逆に、今城が同位体研究所の産地判別について誤った認識を持ち、「京山はシロ」という偏見を持って立ち入り検査を指揮していたのではと疑わせる内容が含まれている。

今城は、コメ一〇粒中六粒が中国産であるとした同位体研究所の産地判別について「普通の人が記事を読んだら一〇粒中六粒といったら、全部一粒一粒わかるんだなというふうに思いますよね。あれはひどいなと思った。全体の確率が何割かっていうのと、一〇粒中六粒っていうのは全然違いますからね」と述べている。

これは基本的な事実認識を欠いた発言だ。同位体研究所の産地判別の特徴はまさに「一粒一粒の産地がわかる」ことにあるからだ。これに対して当時の競合他社の産地判別は、コメ数粒をまとめてすりつぶして外国産の確率が何割かという結果の出し方をするものだった。つまり今城は同位体研究所の産地判別と、それ以外の機関による精度の低い産地判別とを混同していた可能性があるのだ。

　また、今城は立ち入り検査を始めた一七年二月一〇日の直後に、農水省が管理する国家貿易による中国産米の輸入がしばらくなかったことを知り、「そしたら、（偽装は）ないだろう」「申し訳ないけど、いくら調べてもね、とは思ってた」「混ぜるもんがないのにどうやって混ぜるねん」と判断していたとも語っている。これでは、先入観を持って検査に当たっていたと疑われても仕方がない。

　国家貿易による中国産米の輸入が一三年度以降三年余りにわたってなかった点は、裁判でもJA京都中央会が主張したが、裁判所から退けられている。中国産米は国家貿易の枠組みだけではなく、民間貿易でも輸入できる。実際に、財務省の貿易統計によれば一四～一六年にも毎年、中国産米が日本に輸入されていた。

京山は農水省の検査官を追い返していた

　農水省が立ち入り検査で「外国産米の混入が疑われるような点は確認されなかった」と発表したのは一七年六月二七日のことだった。

　JAグループ京都は同日、「京山の潔白が証明された」と高らかに宣言したが、農水省の発表は、京山が産地偽装を行ったかどうかを明らかにするものではなかった。農水省の認識は、「京山が潔白とまでは言っていない。記事をきっかけに検査をしたが、検査結果と記事の正誤とは別だ」（消費・安全局消費者行政・食育課）というものだった。

同省の検査は京山と取引業者との伝票の突き合わせや聞き取りなどで、仕入量と販売量に矛盾がないかを調べるものだった。

しかし、農水省はすべての記録を確認できたわけではなかった。京山の販売先の一部は廃業していたからだ。

検査の権限にも限界があった。検査は米トレーサビリティ法に基づくもので「強制捜査権がない。忙しいと言われれば日を改める。警察のように問答無用で証拠資料を押収することもできない。相手の協力が前提となる」（同課）。

京山は当初から、「全面的に（農水省の）調査に協力しております」とアピールしていた。

ところが、京山の対応は決して協力的とはいえなかった。ＪＡ京都中央会が京山の潔白をアピールするために国会議員に配付した報告書によれば、京山は三月一七日、京都府舞鶴市の支店を訪れた農水省職員に対して「録音してから協力する」と応酬した。すると農水省職員が「検査せずに帰った」と誇らしげに報告書に記されているのだ。農水省は「録音されれば公表されかねない。検査の手の内が広く知られてはまずいので当日は撤収した」（別の同省幹部）という。

京山による農水省への抵抗はこれだけではない。三月三一日には、当時の農相、山本有二と事務次官の奥原に検査結果を一週間以内に発表することを要求。対応しなければ「法的手続きを取ることがある」という文書を送っている。早く検査を打ち切れと圧力をかけているのだ。

前述の今城の発言を踏まえれば、農水省は、実態を解明しようとする「奥原派」と、ＪＡ京都中央会や西川の考えに近い「今城派」に分裂していた可能性が高い。

実際に、京山は国を相手取った損害賠償請求訴訟で、奥原と今城の証人尋問を行うよう裁判所に求めていた。京山は証人尋問で証明したいポイントとして、（1）農水省の立ち入り検査の早期公表に奥原が反対したこと、（2）今城が奥原の反対を押し切って立ち入り検査の結果を公表したこと――を挙げていた。

（1）（2）が事実だとすれば、農水省の事務方トップである奥原が立ち入り検査の結果公表に反対したのに、担当部局のトップである今城がそれを押し切って公表したということになる。

今城が農水省を退官したのは立ち入り検査の結果公表から一三日後の七月一〇日だった。結果公表と退官の間に因果関係があったのかどうかは定かではないが、次官候補のエースと目されていた今城の早過ぎる退官がさまざまな臆測を呼んだのは事実だった。

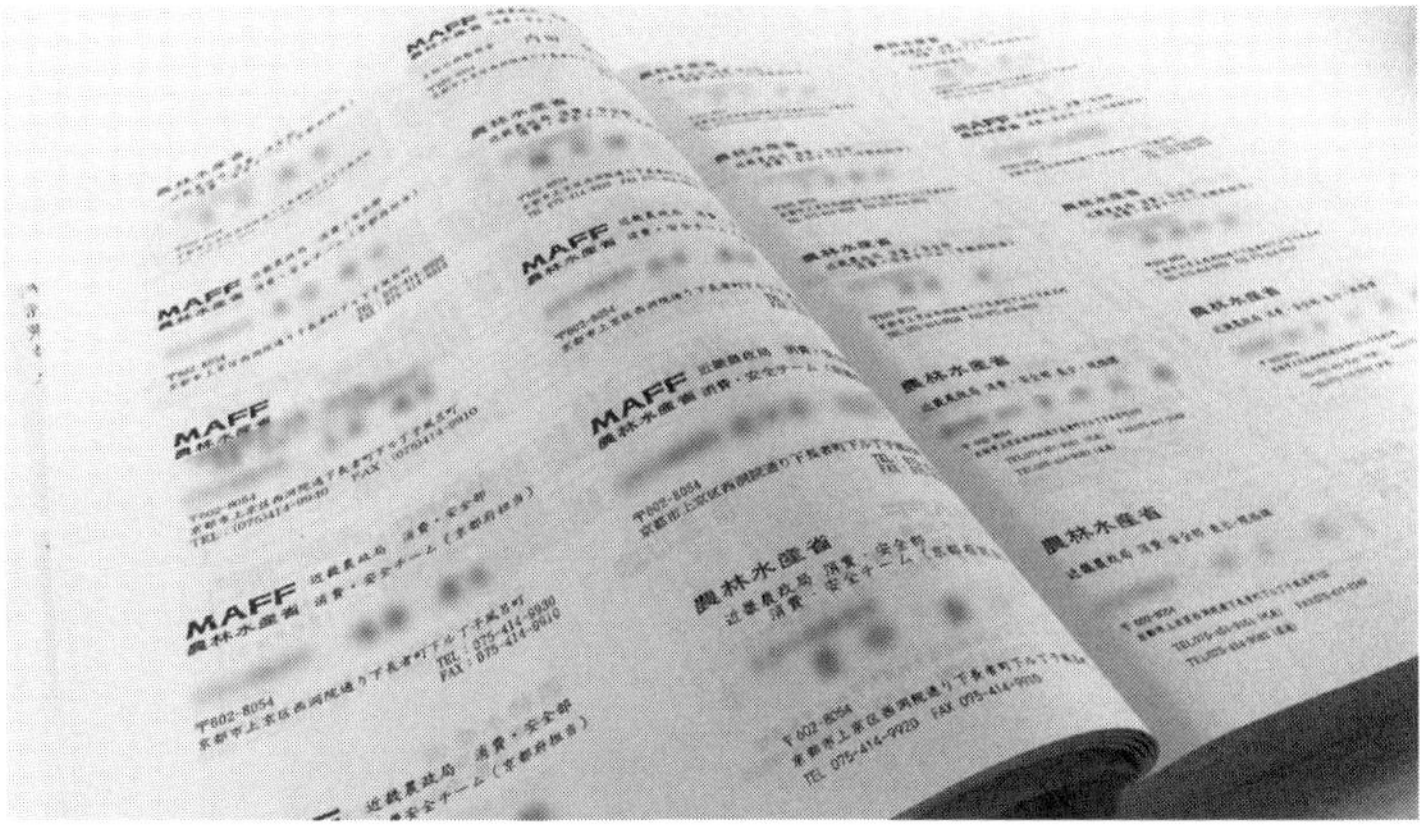

京山は国会議員に配付した報告書で農水省の検査官の名刺や提出を求められた資料を公開した

すべては農水次官と筆者が仕組んだという「陰謀説」

ダイヤモンド社との裁判を通じてＪＡ京都中央会がこだわったのが、京山に産地偽装の疑いがあるとの情報を筆者に伝えたのが奥原だったという「陰謀説」だ。

京山のコメを検査したきっかけは米卸業界関係者からの情報提供だったので、奥原陰謀説はまったくの事実無根である。そう何度説明しても、ＪＡ京都中央会は奥原陰謀説に拘泥し続けた。

筆者が裁判で証人尋問を受けた際も、中川の長男で弁護士の中川泰臣から次のように真顔で問いただされた。

泰臣　京山がＪＡグループ京都の米卸だというのは誰から聞いたんですか。
筆者　帝国データバンクの情報で調べました。
泰臣　奥原さんから聞いたんじゃないんですか。
筆者　違います。
泰臣　奥原さんとはお知り合いですよね。
筆者　一取材相手です。
泰臣　同位体研究所も、奥原さんに薦められたんじゃないんですか。
筆者　それはありません。

以上は一九年六月のことだが、一八年一月に行われたＪＡ京都中央会専務の牧と今城との会食においてもＪＡ京都中央会は次のように陰謀説の裏取りを試みている。

牧　そうですか。ほな、いまの話（国会で西川から圧力を受ける前、小泉は、京山が販売したコメに中国産米が混入していたと決め付けるようだったという話）を聞くと、奥原さんも小泉さんもどっちかというたら千本木（筆者のこと）と話ができとるような感じですね。

今城　いや、僕はそこがね、直接聞いてないからわからないんだけど、（奥原から最初に産地偽装疑惑の）記事をもらったときには、同位体研究所はかなりしっかりしたところだからという言い方をしてましたけどね。三階の方は（筆者註「三階の方」というのは農水省内の隠語で、事務次官を意味する。次官の執務室が本省庁舎の三階にあるためそう呼ぶ）。

牧　ああ、三階の人……。

産地偽装疑惑の記事を書いた筆者を、奥原が操っていたという「陰謀説」は別の場所でも主張されていた。

京山は、ダイヤモンド社だけでなく国を相手取った裁判を起こしていた。その裁判資料では、

「奥原」と名指しこそしていないが次のように当て擦《こす》っている。

小泉進次郎は農協改革を巡ってＪＡグループ京都とあつれきを生じていたことから、本件の産地偽装疑惑を奇貨として、同グループを批判・攻撃することを目的として原告（京山）が二月一三日に掲載した文書（前述の『農水省に調査を依頼しており、いずれ事実が明らかになる』とした文言）に対する反駁・弾劾を内容とする質問を（国会で）したことが明らかである。もっとも本件のようなことは小泉や千本木が画策できるようなものではなく、その背後で両名を操った人物がいるはずである。すなわち、千本木に対して、原告がＪＡグループ京都の米卸であることを教えて、同社の販売する袋入り精米コシヒカリについて同位体研究所で検査を実施するように指示し、小泉に対して、検査結果が確実であるかのごとく伝えて、ＪＡグループ京都を農林水産委員会で批判・攻撃するようにあおった人物である。それは安倍政権が当時進めた農協改革を巡ってＪＡグループ京都と対立する立場にあり、農協改革について小泉と協働し、千本木とも関係があった人物以外に考えられない。

以上は、たくましい想像力がなければひねり出せない陰謀説だ（筆者が京山を知ってコメを入手し、同位体研究所という検査機関から産地判別の報告書を得て、記事を書くに至った経緯は第一章の１参照）。

その上この陰謀説は、京山が販売したコメに中国産米が入っていたか、そうでなければ同位体研究所が奥原の意を受けて事実に反した産地判別の結果を出していたことが前提になっている。

京山が前者の立場に立たないとするならば、同位体研究所の名誉を毀損することになるが、同位体研究所がそうしたコンプライアンス違反を犯したという証拠は何ら示していないのだ。

なお、京山は国を訴えた裁判で、農水省が産地偽装疑惑の記事を受けて立ち入り検査を実施し事実を公表したことが、京山のコメの買い控えにつながったとして五億九八四二万円の損害賠償を求めた。

裁判の結果、京山の請求は棄却された。

その裁判で国は、農水省が立ち入り検査の実施を公にした二月一四日の前日に、京山自身がホームページで立ち入り検査開始の事実を公表していたことなどを指摘し反論した。

京山は一四日午後三時にもホームページで「二月一〇日より農水省、京都府から一四日現在で延べ三九人の調査員を受け入れ、全面的に調査に協力している」と公表していた。行政調査の陣容を、調査を受ける側が公表することは「前代未聞の事態」（農水省食品表示・規格監視室）だった。

3 産地偽装の潔白を主張する「二つの虚言」

コメの産地偽装疑惑を報じる記事が公開されると、ＪＡ京都中央会は、ダイヤモンド社に損害賠償を求める訴訟を起こした。

同会幹部らは「（記事は）ウソだとすぐにわかる」「訴訟は百パーセント勝てる」などと発言し、原告有利の印象操作を始めた。本稿では、こうしたネガティブキャンペーンに含まれていた虚偽の内容を明らかにするとともに、ダイヤモンド社を含めたメディアの責任について論じる。

ＪＡ京都中央会は産地偽装疑惑の記事を公表したダイヤモンド社に対して六億九〇〇〇万円の損害賠償を求める訴訟を起こし、四年間の係争の末に敗訴する。しかし、記事が掲載された二〇一七年当初は強気な情報発信を繰り返していた。

「今回、『週刊ダイヤモンド』という三流の週刊誌が書きましたけれど、そのことがウソだとすぐにわかります」

これはＪＡ京都中央会専務の牧克昌が、産地偽装疑惑の記事掲載から一ヵ月余り後に京都府が開いた「京都府食の安心・安全審議会」で発したセリフだ。

同審議会は、府内の有識者が食の安全について議論する場で、牧はその委員に名を連ねていた。立場上、ＪＡグループ京都の米卸が販売したコメに産地偽装の疑いありとする記事に反発したくなる気持ちはわかるが、この場での牧の弁明には、事実に反する内容が複数含まれていた。
それらを指摘する前に、牧による記事への反論の中でもっともな点、つまり筆者が間違っていた箇所について反省を踏まえて明らかにしておく。

「三流経済誌のウソ」と言い放ったJA京都中央会幹部の発言を検証

牧は同審議会で、「記事の中に京山の株式の五五パーセントをJA京都中央会が持っているので、JA京都中央会が主導して（中国産米の）混入を行ったと書かれているのです。しかし、JA京都中央会は（京山の）株は一切持っていません。まったくそこから『ウソ』です」と反論した。

たしかに、牧がこの発言をした一七年三月時点では、JA京都中央会は京山株式を保有していなかったようだ。かつて、JA京都中央会をはじめとしたJAグループ京都は京山株式の五五パーセントを保有していた。筆者が記事執筆時（一七年一月）、帝国データバンクの資料を確認したところ、そこには筆頭株主としてJA京都中央会（保有株数は二一万三〇八〇株）、次いでJAグループで商社機能を持つJA全農（同八万九〇〇〇株）と記載されていた。

帝国データバンクによる調査の後、JA京都中央会は株式を手放したとみられるが、筆者はその事実を把握せず、そのまま記事を書いてしまった。確認が不十分だったと言わざるを得ず、この場を借りておわびしたい。

ただし、この株式持ち分の問題には不透明な部分が残されている。ＪＡ京都中央会がいつ京山株式を売却したのか裁判で質問したが、京山はそれを明らかにしなかった。

ＪＡ京都中央会から株式を譲り受けたのはＪＡグループ京都の京都協同管理という会社だった。二二年一月に取得した法人登記によれば、同社の会長はＪＡ京都中央会会長の中川泰宏、取締役は牧、主要株主はＪＡ全農とＪＡ京都中央会である。つまりＪＡ京都中央会は京都協同管理を通じて間接的に京山株式を保有しており、ＪＡ京都中央会による京山の間接支配がなされていたともいえるのだが、牧は前出の審議会でそういった説明はしなかった。

ＪＡ京都中央会は株式持ち分比率の誤りを強調して「他にも記事内に多数の悪質な嘘の情報が記載されている」（広報誌）との主張を展開した。

後に裁判で細部に至るまで記事の検証が行われたが、誤りは京山株式の持ち分比率以外には見つからなかった。

では、ここからは京都府食の安心・安全審議会での牧の発言の中で、事実と異なる点を指摘していこう。

一つ目は、「中国産米のコシヒカリの品種はもう四年ほど前から（国内に）入っていないのです。（中略）そのため、（筆者が購入し産地判別を実施した）一月五日に販売したコメに中国産を混ぜることは絶対にできない」という発言だ。

前述の通り、牧が「入っていない」と言ったのは農水省が管理する国家貿易によるものであって、中国産米は国家貿易以外の民間貿易でも輸入されていた。財務省の貿易統計によれば一四〜一六年にも毎年、中国産米が日本に輸入されていた。また、コメは低温で保存すれば数年前に輸入したものでも品質を維持できる。ＪＡ京都中央会は、中国産米は国内に存在しなかったという主張を裁判でも展開したが、退けられている。

牧の発言に含まれる二つ目の虚偽情報は、「日本穀物検定協会の検査員が（京山の精米）工場に常駐してくれているそうです。検査員は常に産地を確認し、検査もきちんと行っているので中国産米なんか混ざる余地はまったくない」というものだ。

ＪＡ京都中央会は同じ主張を法廷でも繰り返したが、裁判における証人尋問で京山幹部が真実を明らかにした。京山には京都市伏見区、長岡京市、舞鶴市という三ヵ所に拠点（精米工場や倉庫）があるのだが、日本穀物検定協会の検査員は一人しかいない。つまり常に監視することは物理的に不可能だ。その上、舞鶴市の施設は〝常駐〟する対象にすらなっていないのである。

なお、筆者が産地偽装疑惑の記事を公表した当時、日本穀物検定協会の理事には京山の役員が就いており、そもそも第三者によるチェック機能が働くのかどうかも疑問だ。

週刊誌や月刊誌を通じてＪＡグループが勝訴すると喧伝

ＪＡ京都中央会幹部らの強引な印象操作は、京都府の審議会での発言にとどまらなかった。

ＪＡグループ京都関係者はメディアの取材を受けた際にも、「中国産米は国内に存在しなかった」「穀物検定協会が常駐していたので混入はあり得ない」という主張を繰り返した。

ＪＡグループ京都は、先ほど述べた二つの虚偽情報を掲載した女性週刊誌二〇〇〇冊を七〇万円以上で購入し、政治家やメディア、農協関係者に送付し、その費用をダイヤモンド社に請求した。

なお、女性週刊誌の記事において中川は「産地偽装など一切ありません。生産者たちの思いを裏切るような記事は断じて許しません」というコメントを寄せている。

別の記事では、ＪＡグループ京都関係者が訴訟結果について「百パーセント勝訴できる」と断言するコメントを出し、原告有利の印象操作を行った。このコメントを掲載したオンライン経済メディアの記事にも、前述の事実に反する二つの主張が含まれている。

ＪＡグループ京都は「『週刊ダイヤモンド』の誤報の可能性を指摘する記事が公開されましたので、ご報告いたします」というプレスリリースを発表し、オンライン経済メディアの当該の記事を読むための検索キーワードを指南。さらに同リリースを八三九枚印刷し、農協や国会議員らに郵送した費用についてもまた、ダイヤモンド社に請求した。

「百パーセント勝訴」と言い切られてしまうと、さすがにダイヤモンド社が敗訴すると信じる人も出てくるものだ。実際に当時、筆者は農協関係者から大誤報をやらかした記者のように扱われることがあった。時には体調を心配されることすらあり、ＪＡ京都中央会などによる印象操作の威力を実感した。

「大誤報」なので刑事裁判で「負ける」と書いた専門誌も

本題の「メディアの責任」についてに話を戻そう。

実は、女性週刊誌やオンライン経済メディア以上に大胆な記事を掲載し、後に謝罪・撤回したメディアもあった。

農業技術通信社が発行する月刊『農業経営者』は、産地偽装疑惑の記事を「報道史上稀有な大誤報」「損害賠償請求訴訟でダイヤモンド社の勝ち目はどうみてもない」「（京山は京都地方検察庁にダイヤモンドを刑事告訴したが）ダイヤモンドは民事（裁判）でも刑事（裁判）でも勝てない」（いずれも農業ジャーナリストによる連載記事）などと断定的に報じた。

「刑事裁判で勝てない」ということは、有罪判決を受けることと同義だ。実際には民事裁判でダイヤモンド社は勝訴し、刑事告訴された件も、起訴はもちろん取り調べを受けることすらなかった。

農業ジャーナリストの記事はダイヤモンド社の名誉をおとしめかねないし、筆者の仕事の障害となるので、農業技術通信社の社長兼編集長宛ての文書で記事の誤りを指摘した。

同社は当該の記事を削除し、「かような事態が生じることのないよう著者および編集部内に注意をいたしました。これについて関係者にご迷惑をお掛けしたことをお詫びいたします」と回答した。

飯島勲のメディア対策指南

ところで、中川に近い権力者の一人に、内閣官房参与の飯島勲がいる。

飯島は小泉純一郎の首相秘書官として得たメディア戦略などの知見を買われて内閣官房参与に就いたとみられる。

飯島が、世論形成や訴訟戦略についてJAグループ京都とどのように関わっているのかはわからない。事実として、前述の女性週刊誌の記事などは飯島の事務所にもJAグループ京都から送付されていた。

飯島は著書『秘密ノート〜交渉、スキャンダル消し、橋下対策』でメディア対策について次のように書いている。

「ひどいことを書かれ法的手段に訴えても、裁判に慣れている彼ら（筆者註・マスコミ）にとっては痛くも痒くもない。顧問弁護士が現れてのらりくらりと話し合いを長期化させ、こちらを疲弊させるのが常套手段だ。

そこで、訴える相手を書き手だけでなく、編集長、そして新聞社の社長まで広げるのだ。

なぜなら、新聞社の社長は各社持ち回りで勲章を受ける慣習になっているが、裁判係争中の案件があると順番を飛ばされてしまう。一度飛ばされると次の叙勲まで一〇年以上かかってしまうのだ。
（中略）社長を相手取って裁判を起こすだけで、どんな大手新聞社でもほとんどのケースで腰砕けになってしまう」

ちなみに、ＪＡグループ京都は筆者やダイヤモンド社の副編集長、編集長だけではなく、社長や会長も訴えていた。

飯島の言う「腰砕け」というのがどういう状態なのかは定かではないが、彼のメディア対策が的を射たものならば、ダイヤモンド社の経営者が編集部に対して、訴訟で非を認めたり、ＪＡグループ京都を批判する記事を控えたりするように促していたのかもしれない。

しかし、そうした状況は発生しなかった。社内で「裁判で和解したほうがいい」とか「相手を批判する記事は控えろ」などとは一切言われなかった。会社は一貫して訴訟をサポートしてくれたし、書くべきことを臆せずに書く方針は徹底されていた。

4 偽装米疑惑にうごめくヒト・モノ・カネ

産地偽装疑惑の記事を巡るダイヤモンド社とＪＡ京都中央会などとの訴訟は二〇二一年三月、ダイヤモンド社の勝訴で終わった。ＪＡ京都中央会などは、記事による逸失利益に加え、ＪＡグループ京都の米卸の潔白を証明するための調査・検査費用四三一八万円や多額の弁護士費用を請求していたが、これらは結局、ＪＡグループ京都が負担することになった。訴訟を陣頭指揮していたＪＡ京都中央会幹部は誰一人責任を取らなかった。本稿では、六億九〇〇〇万円の損害賠償訴訟の裏で動いていたヒト・モノ・カネを解明する。

職員らから集めた救済募金などのカネは中川の長男らに流れた

筆者はＪＡグループ京都の米卸、京山が販売したコメに中国産米が混じっていた疑いがあるとする記事を書いた。その後、ＪＡ京都中央会や京山は六億九〇〇〇万円の損害賠償を求めてダイヤモンド社を提訴。地方裁判所、高等裁判所が請求を棄却し、二一年に最高裁判所が上告を棄却したことでダイヤモンド社の勝訴が確定した。

当初「百パーセント勝訴できる」と豪語し、毎週のように記事を否定する情報を発信していた

ＪＡグループ京都は、敗訴後二五日間にわたって沈黙した。

ようやく京山が出したプレスリリースが左記である。


「裁判では、農水省の検査結果でも明らかな通り、当社（京山）が中国米の混入を一切行っていないことが認められたものの、『千本木記者が（中国産米が混入している疑いがあるとの根拠にした）同位体研究所の判別結果を信じて記事を書いたことは仕方がなかった』との判断が行われました」


この文章を読んで、むなしさを禁じ得なかった。文章は「裁判では、」で始まるので、その後に続くことのすべてを裁判所が認めたかのように読めてしまう。というか、あえて誤読させるように複雑な言い回しをしているとしか思えない。

農水省は京山が「中国米の混入を一切行っていない」などとは言っていないし、筆者が同位体研究所の判別結果を信じて記事を書いたことは「仕方がなかった」などという表現は判決文に存在しない。

カギカッコでくくって文言を引用すれば、判決文に同じ文言があるのではと誤解される懸念があるが、それこそ文書制作者の意図するところなのだろう。

付言しておくと、判決文に「仕方がなかった」に近い表現があるとすれば、「被告（ダイヤモンド社や筆者）らにおいて、同位体研究所による上記判別結果を信頼し、原告京山が販売した米

（本件滋賀米、本件京都丹波米及び魚沼米）に外国産米（中国産米）が混入していた事実（本件摘示事実2）が真実であると信じたことについては、相当な理由がある」（京都地方裁判所一九年一二月一〇日判決）というものだ。

この表現により、裁判所は中国産米の混入がなかったことを認めているわけではない。当該の裁判は産地偽装の有無ではなく、記事に真実性や公共性があったかを明らかにするためのものだった。判決は、同位体研究所によるコメの産地判別の精度が九二・八パーセントだった（コメ一粒ごとに国産米を「国産米」、外国産米を「外国産米」と正しく判別できる確率。産地偽装疑惑を報じた記事は、京山が販売していた「滋賀こしひかり」の一〇粒中六粒が外国産と判別されたことを報じていた）ことを理由に、外国産米の混入が「１００％確実とまではいえない」としたものの、高精度である同位体研究所の判別結果を信頼に足るものと考えたことには合理性があり、外国産米が混入していた事実の真実相当性を認めたものだ。そのため、上記の引用部分のような表現が判決文の一部に入ったということにすぎない。

以上は筆者の視点からの京山のプレスリリースへの批判だが、同リリースは農協関係者からの怒りも買った。

なぜならば、ＪＡ京都中央会は全国の農協職員らから「京山救済募金」なる名目で支援金を集め、訴訟費用に充てていたが、その総括が、「頂いた貴重なカンパ・支援金は約4年間に及ぶ裁判費用、並びに京都産米の信頼回復のために使わせていただきました」という一文で済まされていたからだ。

兵庫県のＪＡ兵庫西の関係者によれば「ＪＡ京都中央会から全国の農協に対して募金の依頼があり、職員はほぼ強制的に寄付させられた」という。ＪＡ京都中央会は一七年に一五〇〇万円の募金を集めたことを公表しているが、最終的な集金額や使途の詳細については明らかにしていない。

実は、この農協関係者らによるカンパは、ＪＡ京都中央会会長の中川泰宏の身内に流れていた可能性が高い。産地偽装疑惑に関する訴訟にかかったカネや激減した京山の売り上げがどこへ消えたかなどについて明らかにしていく。

お手盛りの「自主調査」や弁護士費用に巨費を投じる

まず、産地偽装疑惑に関する裁判にかかった弁護士費用についてだ。ＪＡ京都中央会などが訴訟でダイヤモンド社に請求した弁護士費用は五九〇〇万円だった。京山は同社への立ち入り検査を行った国も訴えていたのだが、その裁判で国に請求した弁護士費用は五四〇〇万円だ。

裁判では、原告が被告に求める損害賠償額などの一割を弁護士費用として請求するのが相場になっている。つまり、ＪＡ京都中央会などがダイヤモンド社に請求した弁護士費用がそのまま担当弁護士に支払われているとは限らないのだが、四年間にわたる裁判にはそれなりの弁護士費用がかかっているものと考えられる。

では、その弁護士費用は誰に流れていたのか――。原告側の担当弁護士は中川の長男、中川泰臣ともう一人の弁護士だった（二人が所属する弁護士法人小西綜合は、中川泰宏のファミリー企業が所有する京都市内の「泰宏ビル」に入居している）。つまり、弁護士費用は中川の身内に還流していたと考えられるのだ。

カネについての次なるポイントは、産地偽装疑惑の記事による風評被害を払拭するため、JA京都中央会などが行った自主調査の経費だ。JA京都中央会の広報誌によれば「信頼回復のために行なった独自の調査・検査などに約八〇〇〇万円もの多額の費用が発生」。このうち訴訟でダイヤモンド社に四三一八万円を請求してきた。

自主調査の実態は、JA京都中央会や農協の職員が京山を訪れ、農水省の検査員と同時並行でコメ取引の帳票を調べたり、ダイヤモンド社が産地判別を行ったコメと同日に精米されたと京山が主張するコメを、検査機関で産地判別に掛けたりするものだった。

JA京都中央会によって調査に駆り出された農協職員は、「徒労感を覚える業務だった。取引の帳票を引っ張り出して整合性を確認しろと指示されたが、京山も監査を受けているわけで、整合性が取れないはずはない。それに、伝票を照らし合わせるだけで中国産米が混入していたかどうかなどわかるわけがない」と内情を明かした。

調査の結果は、京山のコメに外国産米が混入していた事実は認められないというものだったが、お手盛り調査によって京山のコメの買い控えが収まるはずもなかった。JA京都中央会は効果を期待できない調査や検査を実施し、多額の費用を自分たちで負担することになった。

裁判にかかった弁護士費用や自主調査の費用はJA京都中央会、JA京都、京山と、かたちばかり原告に名を連ねていたＪＡ全農が負担したものとみられるが、これらの組織の資金の元手は農協や農家の出資金なのである。

収入減を訴訟で請求しつつ売上高を兄弟会社に付け替えた疑い

カネを巡る疑問はそれだけではない。訴訟におけるダイヤモンド社への損害賠償請求の詳細を調べていくと、さらなる問題が浮かび上がってきた。

ＪＡ京都中央会は、記事による損害の補償をダイヤモンド社に求める一方、京山の売上高を兄弟会社に付け替えていた疑いがあるのだ。

そもそも京山とはどんな会社なのか、ざっとおさらいしておく。

同社は一九五一年創業の老舗米卸で、二〇〇一年にＪＡ京都経済連（現在のＪＡ全農京都）の米穀卸部門と統合していまの形になった。この統合を主導したのはＪＡグループ京都会長の中川だった。

京山はＪＡグループの信用と、京都府最大の米卸という事業規模を持ち、府内の公立学校の学校給食や、大学の学食のコメを一手に納入するなど安定した事業を行っていた。経営が暗転したのは〇八年に発生した事故米不正転売事件だ。

京山は、農薬に汚染されているため食用に使うことを禁じられた事故米をもち米として流通させていた。京山は「事故米を（最初に）不正に転売した三笠フーズから直接仕入れていたわけではなく、事故米であると知らずに扱っていた」と説明した。

だが、それを真に受けてすぐに取引を再開する企業は少なかった。事故米と認識していたかどうかにかかわらず、その闇の流通経路の中で、出所不明のコメを扱う業者と取引していたこと自体が不信を招いた。

ある京山関係者は「大口の取引先に付き合ってもらえなくなった。一度不信感を持たれてしまうと、買ってもらえなくなる。生協は信じてくれたが、大口のスーパーとの取引が細った」と打ち明けた。

京山は京都府の農協が集荷したコメを主に扱うが、それだけでは需要を満たせないので他県の農協や他の米卸からもコメを仕入れる。前出の京山関係者は「コメの価格競争が激しくなり、コメをブレンドするようになってからおかしくなった。いつものコメの仕入れ先が品切れした。足りない分を補うために事故米と知らずに仕入れて売ってしまった」と事故米不正転売事件を振り返る。

京山は、事件後の売上高の減少を本社社屋や土地を売却してしのいだが、不祥事の影響は尾を引いた。売上高は事故米不正転売事件前の一六〇億円超から一一年三月期には一二六億円に、筆者が産地偽装疑惑を報じる直前の一六年三月期の売上高はかつての約半分の八四億円にまで減っていた。

貧すれば鈍するというが、京山ではモラルハザードが起きていた。JA全農京都と京山はコメの産地などを公開する米トレーサビリティシステムを備えているとホームページなどでアピールしていた。消費者がコメの製品情報をインターネットで入力すると、生産履歴の情報を閲覧できるという触れ込みだった。

だが、筆者が一七年一月に取材したところ、当時流通していた京山のコメで、同システム上で産地などを公開しているものは存在しないことがわかった。消費者への情報公開は見せ掛けで、安全・安心のシステムは、「開店休業」状態だったのだ。

このトレーサビリティシステムの問題を筆者は産地偽装疑惑の記事の中で指摘した。ＪＡ京都中央会や京山による記事への反論は見当外れもいいところだった。同社らは裁判で同システムのデータベースに六万件超のデータが入力されているとして「トレーサビリティシステムにおいて産地を公開しているコメはないとの記載は明らかに誤りである」と強弁してきたのだ。ダイヤモンド社が「データベースの履歴件数が何件あったとしても、消費者がそれを閲覧できなければ意味がない」と反論すると、その後は何も言ってこなかった。

話を本題に戻そう。京山による売り上げの付け替え疑惑についてである。

産地偽装疑惑の記事が公開されたことで、京山の売上高はそれ以前の八〇億円超から四八億円に減った（一九年三月期）。一方、同時期に売上高を急増させたＪＡグループ京都の企業がある。同グループ百パーセント出資会社である「京都食料」だ。一八年三月期まで二億円強だった同社の売上高は一九年三月期に一七億円、二〇年三月期には三一億円に伸びている。

その理由を調べていくと、一八年一〇月まで京山が行っていた府内の公立の全小中学校の学校給食へのコメの納入を、京都食料が代行するようになっていたことがわかった。コメを調達している京都府学校給食会によれば、京山の担当者が、「条件に合う納入ができなくなった」と断ってきたという。一方で京都食料が手を挙げてきたので、給食会は契約先を京都食料に切り替えた。

給食会は、京都食料との年間取引額までは明かさなかったが、試算したところ三億八〇〇〇万円程度の大口の取引先を京山は京都食料に譲った可能性がある（取引額は、京都府の統計から学校給食を食べる小中学校の児童・生徒と教員を約一九万人と仮定し、これに米飯給食の頻度と消費量の全国平均と、農水省発表の一八年京都府産コシヒカリの価格を乗じて算出した）。

ダイヤモンド社は裁判で「京山は損害賠償請求をしつつ、他方において、その売り上げを自らの関連会社に付け替えている」と指摘した。京山はこれに対し、「（産地偽装疑惑の）記事によって資金繰りが悪化し、仕入れが困難になったことが原因でやむなく（学校給食の）継続的な取引を断った。（中略）付け替えとの評価はまったく当たらない」と反論した。

だが、学校給食向けのコメの納入は代金回収が見込める安定した取引だ。資金繰りが問題ならば給食会に支払いの時期を早めてもらうなど、あらゆる手を尽くすのが経営者の責任ではないだろうか。

裁判でJAグループ京都が請求した逸失利益約五億円は記事掲載から一八年一月までのものだった。もし彼らが勝訴していれば、裁判終了後の経済損失も追加でダイヤモンド社に求めてきていた可能性が高い。同グループは、一八年二月から二二年一月までの逸失利益は一九億円だとして、追加の損害賠償請求を示唆していた。

京山と京都食料との関係は事業上の協業だけにあるわけではない。

二〇年五月に取得した京都食料の登記簿によれば、同社取締役の原田章は京山の前社長であり、他に三人の京山の取締役経験者が京都食料の役員に名を連ねている。JAグループ京都内の幹部で関係会社の人事を回しているようなものだ。

JAグループ京都は京山を切り捨て、うまみのあるビジネスを京都食料に移行させているようにも見える。

実は、こうした京都食料の優遇には中川が関わっていた疑いがある。京都食料は京山が所有していた土地と倉庫を賃貸して使っているのだが、それらの不動産の所有者は中川のファミリー企業「伊藤土木」なのだ。伊藤土木は悪質な地上げを行った会社で（詳細は第三章の3参照）、二一年一〇月に取得した法人登記によれば、代表取締役は中川の長女、監査役は中川の妻である。

伊藤土木は一七年七月、経営が悪化した京山から不動産を買い取り、京都食料という〝急成長企業〟にそれを貸したわけだ。伊藤土木は過去に経営不振農協（旧福知山農協）の不動産を買収し、JA全農に貸したことがあったが、同様の不動産賃貸ビジネスを繰り返したことになる。農協やJA全農などの役員を務める中川と伊藤土木を一体とみなせば、こうした不動産ビジネスは、利益相反になりかねない取引であり、本来は自粛するべきだろう。

敗訴にもかかわらず中川ファミリーだけが焼け太り

ＪＡグループ京都はダイヤモンド社から多額の資金を回収する計画だったが、結果的には自腹で訴訟のコストを負担することになった。

ただし、裁判での勝敗にかかわらず、中川ファミリーだけが焼け太りするスキームが構築されていた。多額の弁護士費用が中川の長男（あるいは長男らが所属する弁護士事務所）に渡り、うまみのあるビジネスを引き継いだ京都食料からは中川のファミリー企業に不動産の賃貸料が入った。

商魂たくましい中川ファミリーは、産地偽装疑惑の記事に対応する中で、カネもうけの仕組みをつくっていたのだ。

しかし、こうしたカネもうけはさすがにＪＡグループ京都の職員、社員らに見透かされる。特に、弁護士である長男に任せた裁判で敗訴したことは中川の求心力低下を招いた。産地偽装疑惑の記事を巡り中川ファミリーは大金を得たかもしれないが、失ったものは計り知れないほど大きかった。

産地偽装疑惑の顚末の最後に、付記しておきたいことがある。ダイヤモンド社や筆者は当該の記事を巡り、ＪＡ京都中央会などから名誉毀損で訴えられた。記事の真実相当性が認められ勝訴したが、いまだ疑惑の真相を明らかにできておらず、社会的責任を果たし切れていないことは、個人的に申し訳なく思っている。

そうしたじくじたる思いがありながらも、あらためて産地偽装疑惑の記事について書いたのは、その顛末が中川という人物やＪＡ京都中央会という組織の実態をよく表しているからだ。また、政府、与党とつながりのある、それなりの権力者の立場を脅かす記事を書いたときに何が起こり、そのとき、メディアがどう対応したかについては、記録に残しておいたほうがいいと考えたのも動機の一つである。

5 訴訟のけじめとして試みた中川への直撃取材

筆者は、訴訟になった産地偽装疑惑の記事以降も、後述する「地上げ」や「労働組合潰し」といった中川が関連する不正を批判する記事を書いてきた。

それらの取材の締めくくりとして、二二年秋に、京都府南丹市にある中川の私邸を訪れた。突撃取材を敢行したのは、複数回にわたってインタビューなどを申し込んだが、実現しなかったからだ。電話、FAX、ホームページからの問い合わせ、JA京都中央会幹部職員への電子メール、中川本人宛の郵便などで質問状やインタビューの申込書を送ったが梨の礫《つぶて》だった。

妖気が漂う豪邸で秘書らしき男性二人から追い払われる

中川の家は、八〇〇人規模のパーティーを開催できる広大な庭を有する。

早朝、地元の住民が「泰宏通り」と呼ぶ、地域内でひときわ幅の広い道路を歩いていくと、三メートルほどの高さの白壁がそびえているのが見えてくる。壁の下部は石垣になっているが、人の背丈ほどの大きさの岩を含む贅沢《ぜいたく》なつくりだ。

家のある氷所《ひどころ》という集落は、美しい山並みを望むことができる農村だが、中川邸だけが異彩を放っている。その豪邸ぶりにあっけにとられていると突然、動物のうめき声が聞こえてきてぎょっとした。周りを見渡しても家畜小屋は見当たらない。声のするほうへ歩いていくと、地下に畜舎が隠れていた。道路に面したコンクリートの地下室でガチョウが飼われているのだ。ガアガア、ガーアという低い鳴き声が、地下で反響すると、人間のうめき声のようにも聞こえ、ホラー感がある。

ガチョウは二〇羽以上いて、畜舎から公共の排水溝へと自由に行き来している。ふん尿は垂れ流しで、匂いが鼻を突く。

この環境汚染は数年前、近所で問題になったが、「誰も中川に対して面と向かって意見できず、うやむやになっている」（近隣住民）という。汚水が流れ込む小川を見ていると、排水溝の出口にガチョウたちが集まってきた。いずれも汚水で白い羽が茶色く汚れている。じめじめした地下室から、日の光を浴びにきているようにも見えた。中川は無類の動物好きだが（詳細は第二章の2参照）、かわいがっているのか、虐待しているのかわからないところがある。

ガチョウのエリアを抜けると、壁の下の歩道

中川邸の地下の畜舎から排水路を通り、川に顔を出しているガチョウたち。茶色く汚れている

に一〇〇本を超える鉄パイプが転がっているのに気づく。これも中川の強いこだわりの表れといえるブツだ。彼は衆議院議員時代、自宅不動産を未登記のままにし、固定資産税を納めていなかったことが発覚して問題になった（詳細は第四章の6参照）。その際の言い訳が「税金を払いたかったが、完成していない建物だからと役所に断られた」というものだった。その理屈でいけば、中川邸は「工事中の物件」ということになる。実際に、鉄パイプが落ちていたり、外壁がついていない建物があったりして、これも邸宅が異様な雰囲気を醸す一因になっている。

　そんなこんなで一五〇メートルも続く壁の前を歩き、左へ折れると正門が現れた。江戸時代の武家屋敷のような厳《いか》つい門で、重厚な瓦屋根を載せている。その中には黒いベンツなどが並んでいるが、それより目を引いたのが、門の下に鎮座する「見ざる、聞かざる、言わざる」の三体の猿の石像だった。中川には常人には理解できない独特なセンスがある。石像に、

正門の下にある猿の石像

「この屋敷の中で見聞きしたことは、外に出たら忘れるように」というメッセージが含まれているとすれば、なかなかのナンセンスワールドだといえる。

ドアチャイムを鳴らすことも考えたが、出勤前の時間帯だったし、中川を記事で批判し続けている自分の名を告げて、本人が出てきてくれるとは考えにくかった。

そこで、中川が外出時に車に乗り込むタイミングを見計らって声をかけることにした。車寄せがあるとみられる家の裏側に回り、しばらく待つと、黒塗りのワンボックスカーが裏口の通用門に横づけされ、エンジンを掛けたまま停車した。敷地外から三〇メートルほど奥まったところである。車の傍らでは秘書か運転手とみられる男性二人が、立ち話をしながら主人が出てくるのを待っていた。

筆者は意を決して敷地内に入った。

歩を進めると、何と、ここにもガチョウの群れがいて、石畳はガチョウのふんだらけだった。こちらは地下ではないので、不気味なうめき声ではなく、ガアガアという普通の鳴き声だ。直撃取材の緊迫した場面だけに、間の抜けたガチョウの鳴き声がいやにコミカルに聞こえる。筆者はガチョウのふんを踏むことも厭《いと》わず、石畳の上を急いだ。

にこやかに男性二人に挨拶し、取材の希望を伝えた。しかし、「アポがなければ会えない」と取り合ってもらえない。一人は長身、もう一人は短軀《たんく》だったが、二人ともスーツ姿でノーネクタイ、派手なバックルのベルトを締めていた。途中まで、筆者のことを「マスコミさん」と呼んでいたが、こちらが名刺を出すと、途端に態度を硬化させた。

それでも中川が出てくれれば直談判できると考え、会話を引き延ばして粘ったが、「ここは私有地で、あなたがいること自体がアウト。引き取ってもらいたい」と言われてしまい、引き下がらざるを得なかった。

黒塗りのワンボックスカーは間もなく出発した。後部座席はスモークが貼られているため車内は見えない。ナンバープレートの数字は中川の誕生日の日付だった。中川の独特のセンスを見せつけられるためだけに行ったような京都取材だった。

第二章

いじめられっ子の変貌

中川が通った園部高校の正門。
同校は園部城跡地の高台にある。
正門へと続く階段は、足に障害のある中川には長く感じられただろう

1　障害がある泣き虫が青年実業家に成長

「年間二〇〇人の就職を世話しとる」「不動産はどこにあるかわからんほど持っとる」――中川泰宏による自慢話は枚挙にいとまがない。その内容は眉に唾をつけて聞かなければならないが、中川を巡る数字を知ると、あながち出任せではないと納得できる部分もある。

中川がトップを務める組織は、農業関連だけで一五以上あり（左表参照）、その資産規模や事業量は日本有数といっていい。

一例を挙げれば、一九九五年から会長を務めるＪＡバンク京都信連が集める貯金残高は一兆二五六七億円。六年間以上、副会長を務めるＪＡ共済連（ＪＡグループで保険を扱う全国組織）の保有契約高は二二七兆円を超える。

一般的に、金融機関の経営者は一流大学卒業のエリートが務めることが多いが、中川は高卒のたたき上げだ。

中川がＪＡグループを牛耳ることができたのは、カネのにおいをかぎ分ける嗅覚に優れ、権謀術策に長《た》けているからだ。

では、中川はなぜそういった能力を持つに至ったのか。それを理解するのに、幼い頃に患った小児まひの影響で足が不自由だということは欠かせないファクターである。

中川泰宏の主なポスト

肩書コレクターといえるほど多くの役職を兼務

政治家としての肩書	●京都府八木町（現南丹市）町議会議員 ●八木町長（3期） ●小泉チルドレンとして衆院議員（1期）
JAグループ（全国組織）	●JA共済連経営管理委員会副会長 ●JA全農経営管理委員
JAグループ（京都府）	●JA京都中央会会長 ●JAバンク京都信連会長 ●JA全農京都府本部会長 ●JA共済連京都会長 ●JA京都（地域農協）会長 ●京都府農業信用基金協会会長 ●京都JAビル社長 ●JA京都電算センター社長 ●京都協同管理会長 ●京都府農林漁業団体職員共済会理事長 ●京都府農協健康保険組合理事長 ●JAグループ京都有害鳥獣対策本部会長
JA以外の農業組織	●京都府農業会議副会長 ●京都府畜産振興協会会長 ●京都米振興協会会長 ●八木町農業公社理事
ファミリー企業※1	●泰宏商事（貸金業など） ●伊藤土木（地上げ、不動産管理業など） ●泰宏農場生産組合（牛乳、牛肉の生産） ●泰宏サービス（葬祭、観光など）
マスコミ出演	●KBS京都テレビ「あぐり京都」出演者（毎月） ●KBS京都ラジオ「やすひろの京も安泰!」(毎週)

※1 中川泰宏の親族が役員を務める企業。（　）内は主な事業だが、現在は休止中の事業もある

幼少期は病弱で、足の障害をだしにいじめられるなど辛酸をなめていた。「生徒たちに足の悪さをだしにいびられた。小学四年生ごろまで毎日泣かされていた」（著書『弱みを強みに生きてきた　この足が私の名刺』）という。進学や就職でも障害がネックになった。しかし、高校を卒業直後は、たくましい青年実業家へと変貌していった。中川はいかにして暗い少年時代と決別したのか。

本章では、中川の生い立ちから、その人物像を明らかにしていく。

一生車椅子生活でもおかしくなかったが父のスパルタ教育で歩けるように

中川が生まれた京都府八木町（現南丹市）は山間の農村だ。

ＪＲ八木駅から続く町のメインストリートには商店が軒を連ねているが、昼間にもかかわらず半数はシャッターが閉まっていた。その商店街も三〇〇メートルほどで終わり、川を渡ると突然、典型的な農村の風景が広がった。「これといった特色のない谷間の町」（同著）と中川が自虐的に表現しているのもうなずけるものがある。

中川の自宅は、その農村の山際に近い奥まった所にあった。

そこで筆者が感じたのは、少年時代の中川の「しんどさ」だった。家から小学校までは二キロ、中学校までは五キロ近く離れており、おまけに緩やかなアップダウンがある。

彼の足には障害がある。登校時には、「友達に置いてけぼりにされたり、ひどいときには蹴り倒されたりしていた」(地元関係者)という。

一九五一年九月に京扇子の職人だった父・泰孝、母・薫の長男として八木町に生まれた。姉が二人いたが、「どうしても男の子が欲しい」と願っていた薫は中川の誕生を心から喜んだという。足の障害に気付いたのは、生まれて二年ほどしてからだった。薫が病院に連れて行くと、小児まひを患っていることがわかった。同じ年頃の子供が走り始めても、歩くことすらできなかった。

薫は二人の姉に「あんたたち、泰宏の面倒だけはきちんと見てね」と口癖のように言い、「泰宏を守ってやる男の子が必要だ」として弟を産んだ。

中川は体が弱く、小学校に上がる頃までは毎日のように病院に通っていた。彼は政治家になってから、「一生、車椅子の生活になってもおかしくなかった」と支持者に語っている。足に障害があり、病弱だった中川が独り立ちできたのは、父・泰孝の厳しい教育のおかげだった。父は扇職人だけでなく、酒やたばこを扱うよろず屋を営み、交通安全協会会長や保護司を務める地域の顔役だった。

六歳の夏、京都府立病院でアキレス腱の接合手術を受けた。退院後の歩行訓練のつらさを、中川は著書に生々しく記している。

歩けるようになるまで毎日、青竹や竹刀でたたかれた。父は扇職人だから、竹の棒は家に有り余るほどあった。父は、「歩けない」と泣きわめく中川をたたき回しながら、心身を鍛えさせた。

このスパルタ教育のおかげで、小学校へは歩いて通うことができた。

しかし、小学校で待ち受けていたのは壮絶ないじめだった。

中川は階段から突き落とされるなどのひどい仕打ちを受けていた。「当時の子供に現代ほどの人権意識はなく、いま思えばとんでもないいじめだった」（前出の地元関係者）。学校のトイレで一人泣いていたこともあったという。

ようやく事態が好転し始めたのは小学校高学年に差し掛かる頃だった。「体力が付き、友達付き合いもうまくなり、だんだん泣かされることは少なくなった」（前出の著書）。

彼は、こうも書いている。「逆境にあった弱い人間は人を見る目が養われてくる。少なくとも私はそうだった。クラスの腕力のある子はそれを褒めてやり私の味方にしてしまう。頭の良い子はその知恵を拝借し仲間になってもらう」。

地頭のいい中川のことだ。いじめっ子は集団でいるときには偉そうに振る舞っていても、一対一で対峙すれば、弁舌でいかようにもやり込めることができる。そのことに気付き、自信をつけていったのだろう。

同著には、「小学校でいじめられたことの反動でしょうか、中学校へ上がると〝ゴンタ〟を始めました」という記述もある。ゴンタとは関西の方言で、悪者、ごろつきのことだ。実際、中川は、ガキ大将として一目置かれるようになっていった。花札やトランプなど、大人が推奨しない遊びにも興じた。

その一方、「（学校での）もめ事の仲裁から学校行事の運営まで私をかまさなければ物事は円滑に進まない。私を中心に多くの人が集まるようになった」とも記しているが、さすがに、この辺りは話が盛られているかもしれない。当時の中川について、「寡黙で目立たない生徒だった」と証言する同級生が少なくないからだ。

高校進学は「その体では無理」と中学校教師から宣告される

高校進学前、中川は友達からのいじめとは次元の違う、「差別」に直面した。中学校の教諭に進学について相談したところ、「その体では無理だ」と宣告されたのだ。六〇年代の公立高校に、障害者を受け入れるバリアフリーの設備などあろうはずがなかった。「初めての差別だった」。中川は当時受けたショックの大きさをこう表現している。

だが、持ち前の負けん気と行動力で差別をはねのけた。なんと、志望する京都府立園部高校の校長を訪ね、「入学させてほしい」と直談判したのだ。

結果的には見事、園部高校商業科の試験に合格する。中川の友人の一人は、「当時、重い障害がある者が府立高校に入学したのは初めてだったのではないか」と話す。

園部高校は、野中広務元自民党幹事長や、任天堂でマリオシリーズなどを手掛けた宮本茂（同社代表取締役フェロー）を輩出した名門校である。

ちなみに中川と同学年には、彼が衆議院議員を務めたのと同時期に、自民党の参議院議員だった小泉顕雄も普通科に学んでいた。小泉は、中川と敵対する野中シンパの政治家だった。

「同和問題研究会」に所属し、人知れず努力を

中川を新入生として迎えるのに、園部高校がどれほどの設備の改修を行ったのかはわからない。いずれにしても、校舎にも、通学に使った国鉄（当時）の駅（八木駅、園部駅）にも、エレベーターなどありはしなかった。

中川は階段を自力で上り下りした。高校では、さすがに小中学校のように露骨ないじめをする生徒は少なく、むしろ、障害をものともしない中川に畏敬の念を抱く生徒が多かった。

足の障害の重さからすれば見学してもおかしくない体育の授業にも、中川は、積極的に参加した。前出の友人は、「体育の時間にラグビーをやる姿に度肝を抜かれた」。中川は走るだけでなく、敵チームの生徒を引きずりながらボールを前に運んでいたという。

とはいえ、当然のことながら、中川が足の障害のことで悩んでいなかったわけではなかった。

中川が高校で、「同和問題研究会」に入っていたことはあまり知られていない。

彼が同研究会に入った背景には、高校進学時などに差別された自身の経験があった。同校関係者によれば中川は「自分も（高校進学時に足の障害がもとで）差別を経験した。だから差別をなくしたい」と話していたという。

当時の同研究会は、共産党系の同和団体や社会党に近い部落解放同盟とのつき合いのある運動めいたものだった。

同研究会には、自民党と連携する同和団体、自由同和会の初代京都府連会長を務めた木曽利廣も所属していた。木曽は園部高校で生徒会長を務め、卒業後は野中シンパの政治家になった。だが、中川が二〇〇五年の郵政選挙に出馬して、野中の後継者と戦った際には、野中陣営から「裏切者」と言われても中川の選挙を支援した。

話を高校時代に戻す。

中学生に比べれば分別があるとはいえ、園部高校でも、中川が歩く姿は「本人に見えないところでは話のネタにされていた。中川は社会の矛盾や不条理への怒りを抱いていた。世間を見返してやりたいという気持ちは人一倍強かった」（前出の友人）。

中川は、高校進学時と同様、就職でも足の障害が「壁」になることを予想していた。高校生にして、企業に就職することが難しく、自らの才覚で生きていかなければならないことを覚悟していた。

シビアな現実を前に、中川はひそかに努力を続けた。クラスメートの前では陽気で、勉強などしていないそぶりを見せていたが、常に成績はトップクラスだった。特に理数系の科目に強かったという。

歯科技工士の学校を中退して独立独歩の商売の道へ

「本当は（高校では）普通科に入って大学に行きたかった、でも商業科のおかげで大もうけした」。中川は後年、農協幹部を集めた研修会でこう語っている。

能力的には大学に行けたはずの中川が高校で商業科を選んだ理由は不明だが、結果的に、企業の財務諸表が読めるようになったことは、貸金業や不動産業などで成功するのに大いに役立ったという。

高校卒業後、中川が進んだのは独立経営者の道だった。

ただし、進路を決めるに当たっては紆余曲折があった。

前述の通り、「卒業するとき、やはり体のことがネックになって、就職先がなかった」（中川の著書『北朝鮮からのメッセージ』）。

それで高校教師が勧めたのが、入れ歯を作る歯科技工士の学校だった。体をさほど動かさなくても安定した収入を得られるからだ。中川は、教師から七通もの推薦状をもらい、歯科技工士の学校への入学を決めた。

ところが、である。中川は迷った末、同校の入学式に出席しなかった。

「このばか者！」父・泰孝は息子の勝手な振る舞いに烈火のごとく怒った。推薦状を書いてくれた教師の顔に泥を塗る愚息の行動が許せなかった。父は園部高校のＰＴＡ会長を務めていた。

だが、怒りの大本はそうした体面上のことではなかった。障害者の息子の手に職をつけてくれる歯科技工士の学校は、親として安心できる稀有《けう》な進路だったのだ。

「なぜ安定した道を捨てるのか」と問い詰める父に、中川は「俺はもっと広いところで仕事がしたい」「自分にチャレンジしたい」と必死の思いで言い返した。

最終的には、一度言いだすと聞かない息子の性分を知っている父のほうが折れた。父も、息子が歯科技工士の器には収まり切らないことに、薄々気がついていたのだろう。

歯科技工士という安定した職を捨てる――。この決断がなければ、その後、ＪＡグループ京都を牛耳る中川泰宏も、小泉チルドレンとして衆院議員となる中川泰宏も誕生していなかったかもしれない。

高校を卒業した一九七〇年は高度経済成長時代のいざなぎ景気の中で、健常者ならば就職先を見つけるのは容易だった。

同級生の多くは、メーカーや鉄道会社といった企業に就職した。ある同級生は高校卒業後、街で見かけた中川の姿を鮮烈に覚えていた。

不自由な足でも運転しやすいように改造した軽トラックから降りると、瓶ビール二〇本入りのビールケース二つを荷台から軽々と持ち上げて配達していた。会社勤めの同級生からは、独立独歩の商売の道を選んだ中川がまぶしく見えた。

2 カネを稼いで社会を見返す！ 貸金・不動産業で大成功

中川泰宏は、高校を卒業するとそのまま独立起業の道を選んだ。足の障害を「名刺代わり」や「交渉の武器」にすることで貸金業や不動産業の世界でのし上がっていく。しかし、カネを稼ぐだけでは中川の心の欠乏感は満たされなかった。青年期の中川は、心にどんな闇を抱えていたのか。

「『人に負けたくない』との思いが強く、その思いを満たすためにカネが必要でした」。中川が、著書『北朝鮮からのメッセージ』に書いたこの言葉は、青年期の彼を端的に表している。

中川は、幼少期に壮絶ないじめに遭った。それだけでなく、高校進学時や就職時にも足の障害のことで差別的な扱いを受けた。自分をいじめた同級生や差別した社会を、中川が「見返してやりたい」と思うのは当然のことだった。

同級生や社会を見返し、承認欲求を満たすため、中川は猛烈な勢いでカネを稼いだ。

事業で成功した彼に、かつてのいじめっ子たちはへりくだった態度を見せた。カネを無心に来る者もいた。カネは、彼の承認欲求を満たすだけではなく、手下を増やす手段ともなったのだった。

「土地をバンバン買うて、バブルで田中角栄さんさまさまでした。あっちゅう間に財産ができました」

　中川は講演の中で、自らの成功をこう表現するが、現実には、それほど簡単で、きれいなビジネスではなかったようだ。

「多動力」で次々と起業し財を成すシリアルアントレプレナー

　こと商売の才覚において、政界やＪＡグループで中川に並ぶ者はそうはいないだろう。

　起業家としての強みは三つある。（1）カネのにおいを嗅ぎわける嗅覚、（2）いじめなどの逆境を経て培った、人を見極める目、（3）同業他社がやらないこと（道徳心などから控えることも含む）をやり切る実行力——である。

　では、起業家としての中川の成功の軌跡を見ていこう。

　まず、高校卒業後すぐに始めたのが鮮魚商だ。軽トラックに魚などを載せて売るのだが（酒なども扱う、よろず屋に近い行商だった）、魚が乾き、価値が下がってくると、「バケツに水くんで、ジャバッと浸《つ》けたら、ピンピンの魚に（見た目が）変わります。これで大もうけした」（二〇一七年に中川が農協幹部を集めた会合で行った講演での発言）。

　本人はジャンパー姿だったが、事業の相方にはあえてスーツを着せた。二人のアンバランスな服装でお客の目を引こうとしたのだ。

　こうした奇策が功を奏したのか、行商は軌道に乗った。事業開始から半年後には弁当も売るようになった。

起業初年度について中川は「思いついたら何でも手を出すのが私の主義だ。（鮮魚商など）そんなこんなで二〇〇万円ほどの金が残った」（著書『弱みを強みに生きてきた　この足が私の名刺』）と総括している。

一九歳になると、今度は骨董品を扱った。魚や酒の配達先には裕福な家が多かった。京都という土地柄、蔵には「宝の山」が眠っている。中川は蔵を掃除しますと言って品物を物色し、「これは！」というものを売ってくれるよう頼んだ。

「蔵を掃除してあげて、良いつぼがあったら売ってくれと言う。すると百パーセント売ってくれた。五〇〇〇円で買うた物が、一〇万円、二〇万円で売れた」（同講演）。「家の人からはガラクタを処分できてよかったと喜ばれる。四万円で仕入れて五〇万円でさばくことも結構あった」（前出の著書）。

このように中川は一〇代での成功を語る一方、徒労感と限界感があったことも吐露している。酒とたばこを覚え、仕事が終わると毎日、京都・祇園かいわいで遊び回った。カネが泡と消えるのも早かった。「こんな生活で終わりたくない」（同著）という思いが募っていった。

行商はもうかるが、足の障害がどうしてもネックになり、さらなる事業拡大は困難だった。もっといい仕事はないか――。多種多様な業界の会社を訪問してヒントを探した。

たどりついた答えが、契約書一枚でカネを動かせる貸金業や不動産業だった。

中川の行動は早かった。京都ではその筋の大物といわれた三野勝一に弟子入りしたのだ。

三野は「一匹狼」として知られていたが、中川には特別に同行を許した。中川は三野について実地で仕事を学んでいった。初めて任された仕事は、借金で首が回らなくなった人の住宅の整理だった。この初仕事は首尾よく終わり三〇万円になった。

中川は三野を「私の人生大学の最初の先生」とまで持ち上げているが、三野の下での修業は一年足らずで切り上げて独立した。弱冠二〇歳でのことだった。

不自由な足を「名刺代わり」に弱者から強者へと変貌

商売が軌道に乗ると、中川は自分の不自由な足を「名刺代わり」と考えるようになっていった。

商売の師匠である三野からは「おまえの名刺はその足や。足を見た人は皆、おまえを忘れへんで」と激励された。中川は著書で「足を引きずりながら歩く私の姿」がビジネスの相手に強烈な印象を残すことが商売の役に立ったと強調している。

貸金業を始めた一九七二年は田中角栄が政権を取った年だ。「日本列島改造論」に基づく開発が地方で推し進められ、土地を扱う業者は右から左に売買するだけで潤った。

こうした追い風はあったにせよ、中川の成功は、商売の才覚なしにはあり得なかった。「地域の税務署の申告では常にトップだった」（同講演）という。

「金貸しはポケットにカネ入れて貸せばよいし、口だけで体力は要らん。自分の体には一番合う。これがまたもうかった。カネばっかりがぞろぞろできてくるんや。金貸しをしながら、倒産した会社を買うて、どんどん整理する。厳しい会社を買う、そして整理をする。解体をして金もうけができた」（同講演）

中川の派手な生活ぶりを見て、不審に思った母・薫が「おまえいったい何の商売をしているの」と聞いたことが何度かあった。そのたびに、彼は「カネが湧いてくるような仕事」の実態を母にどう説明したらいいか困った。当時の景気の良さは、説明に窮するほどのすさまじさだった。

二〇代半ばになると、中川はもはや幼少期のような弱者ではなかった。

中川が生まれてすぐ、母・薫は、足に障害があり病弱な息子の将来を心配して中川の姉たちに弟の面倒を見るよう頼んだものだった。しかし、中川がビジネスを始めてからは、姉が中川を守るのではなく、中川が姉を雇うようになっていく（実際、姉の一人は、弟の名前「泰宏」を冠した観光会社などで働いていた）。姉弟間の上下関係が、完全に逆転したのである。

貸金業から農畜産業にシフト

ビジネスで成功するための中川の努力は並大抵ではなかった。

「調理師免許」「古美術商の資格」「宅建免許」などを取得しただけでなく、骨董品の鑑識眼を養うため、仕事の合間に展覧会へと足を運んだ。

当時の中川を知る友人は「彼自身の努力で勝ち取ったものなので、カネにはシビアだった。借金を返さない債務者への取り立ては厳しかった」と話す。

中川の貸金業のポリシーは「貸したカネをきちんと取り立てることは貸し手と借り手の仁義」「一〇〇万円の取り立てに二〇〇〇万円の費用が掛かろうと返してもらうものは返していただくのが鉄則」（いずれも前出の著書）というものだ。

こうした切った張ったの世界で中川は水を得た魚のようだった。しかし三〇代が近づくと、さすがの中川もハイリスク・ハイリターンの商売に息切れし始めていた。貸金業での成功は、富を

京都市中京区にある中川泰宏の名を冠した「泰宏ビル」。貸金業と不動産業で財を成した中川は、中川家のファミリー企業を通じて多数の土地や建物を所有している

泰宏ビルには、「JAグループ京都共通役員室」の他、弁護士である長男が所属する法律事務所が入居していた（2017年1月29日撮影）

もたらすとともに多大なストレスを伴い、彼の心身をむしばんでいた。

中川は、ある有力者の支援を受けて神戸などにも進出し、貸金業などの商売を続けていた。

「身を切り裂くようなストレスがあった。若くなければ絶対に務まらない。関西一円に一〇ヵ所ほどの事務所を持ち、東奔西走の毎日だった」(同著)

三〇歳の頃胆石を患い数ヵ月入院したことが、本業を貸金業などから他へシフトする転機の一つになった。

著書には「(結婚して)子供もでき、少し落ち着いた生活環境をつくりたかった」と書いているが、本当の理由は別にありそうだ。

中川の中で、貸金業でカネを稼ぐだけでは、「自分を差別した社会やいじめっ子たちを本当の意味で見返すことはできない」という思いが強くなったのではないか。

心からの尊敬を得るには、「成り金」ではなく、野中広務・元自民党幹事長のような「先生」になる必要があった。

中川が、退院後にまず始めたのが畜産・酪農業だった。北海道に療養を兼ねた旅行をした際、牛を六〇頭購入した。

畜産農家になったことがきっかけで、中川は農協(農業協同組合)の経営に関わるようになる。しかも、最初に任された農協の仕事が、地元の八木町農協(当時)の組合長として農協の経営を立て直すことだった。中川は農協のトップを務めることで地域のまとめ役になり、やがて政治家の道へと突き進んでいくことになる。

カネと同様に信じられるのは動物

貸金業で成功した秘訣として、中川自身は意外なことを挙げている。それは、「動物好き」なことだ。

貸したカネを回収するには、借り手が信用できるかどうかを見極める眼力が重要になる。中川は、人を見る目を、動物との対話で養ったというのだ。

幼少期は足が不自由で、外で友人と遊ぶことができなかった。友人の代わりとなった遊び相手は動物だった。中川は著書で「(動物は) モノは言わないが心は読めた。(その能力は) 慣れであり訓練だ。(動物と違って) しゃべれる人間なら嘘を言うことはあっても、(その心を) 読み取れないことはない。人間を読めなければ金貸しでは食っていけない」と断言している。

中川の動物好きはその後も続き、自宅で犬や猫を飼うほか、町長時代には旅行先のアフリカで一目ぼれしたダチョウ二四羽を輸入している (うち四羽は中国からの船旅のストレスで死んだ。残った二〇羽の飼育は実家付近の旧八木町の施設「氷室の郷」に任せた)。

ほかにも、中国を毎年のように訪れては、クジャクなど珍しい鳥の卵を多数持ち帰り、ふ化させて育てていたという。

動物に接しているとき、中川の表情は「いつになくほころんで、本当に癒やされている」(地元関係者) らしい。

借金の取り立ての際に見せるシビアな顔と、動物に向けるまなざしの温度差——、中川の二面性を物語るエピソードである。

第二章

農協の甘い汁

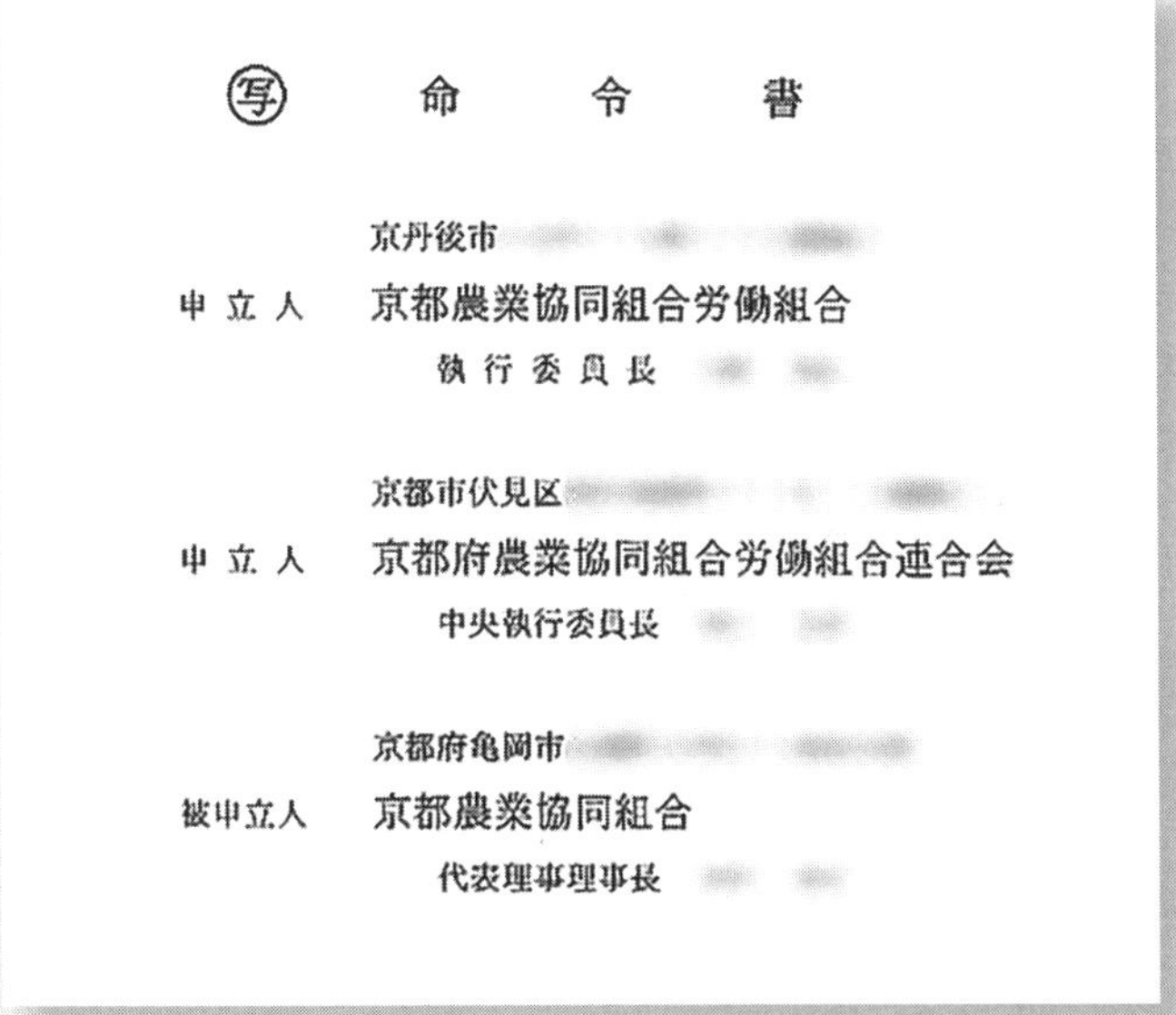

㊢　命　令　書

京丹後市[redacted]

申立人　京都農業協同組合労働組合

執行委員長　[redacted]

京都市伏見区[redacted]

申立人　京都府農業協同組合労働組合連合会

中央執行委員長　[redacted]

京都府亀岡市[redacted]

被申立人　京都農業協同組合

代表理事理事長　[redacted]

中川泰宏が会長を務めるJA京都に対して、
京都府労働委員会が2007年4月に出した命令書。
JA京都の管理職が労働組合員に対して、
組織的に脱退勧奨を行ったことなどを不当労働行為と認定し、
誠実な態度で団体交渉に応じることや、
労組に事務所を貸与することなどを求めている

1　宿敵・野中広務

中川泰宏は一九八八年、全国最年少の三六歳という若さで農協組合長に就任した。その上部団体の農協連合会会長に就任したのは六年後の四二歳のときである。通常、連合会会長になるのは六〇代後半なので、かなりのスピード出世といえる。

中川によれば、農協の組合長を任されるきっかけは、農協職員が、「経営難に陥っている農協を助けてください」と頼みに来たことだというが、実際のところはわからない。

それでも、地域の長老が支配する保守的な組織である農協が、関西一円で貸金業などを営む若手の三六歳の男にトップを委ねるのだから相当に困窮していたことは事実だろう。

いずれにしても、中川は、「一～二年で農協を整理した」（二〇一七年に中川が農協幹部を集めた会合で行った講演での発言）。持ち前の実行力で農協のリストラを行い、経営再建の実績を作ったのだ。

その後、とんとん拍子でＪＡグループの上部団体の役員に出世したかのようにも見えるが、実際には、四〇代そこそこの中川に追い落とされる六〇代、七〇代の農協組合長らから強い抵抗を受けていた。

実は、農協の高齢リーダーによる中川への最後の抵抗の場面にのちに自民党幹事長となる野中広務が深く関わっていた。

中川のＪＡグループ京都会長就任阻止のために仕掛けられた陰謀

中川が京都の農協の上部団体（連合会）の会長ポストを狙っていた一九九四年、当時のＪＡグループ京都の高齢リーダーたちが、中川の連合会会長就任阻止のために野中にある頼み事をしていたのだ。

謀略の中心人物は、ＪＡ京都中央会幹部のＡだった。

Ａは農協の高齢リーダーと一緒に野中と向き合っていた。ＪＲ京都駅前の新・都ホテル（現在の「都ホテル京都八条」）の個室だった。京都駅前の野中広務事務所とＪＡ京都中央会は徒歩五分ほどの距離だが、あえて野中が密談に使うホテルの個室に集まったのである。

「このままいくと、中川が連合会会長になってしまう。〝別の組合長さん〟に会長になってもらえるようにお力添えいただけませんか」

「別の組合長さん」とは、広務の弟の野中一二三《かずみ》のことだった。八木町の隣町、園部町（現南丹市）の町長と園部町農協の組合長を務めていた。

Ａらは、一二三を農協の連合会会長に据えることで中川のトップ就任を阻もうとしたのだ。一二三は当時六〇代前半で、四〇代前半の中川より年長だ。思惑通りに人事が決まれば、一二三が定年を迎えるまでの一〇年間程度は中川を抑え込めるはずだった。

広務はしばし思案した。

中川とは勝手知ったる仲だった。八木町長としての政策の実行力は評価していたが、その強引な手法には警戒感を抱いていた（中川が四〇歳で八木町長になった際も野中が深く関わっていた。中川と野中の政治的な関係については第四章参照）。

一方で、広務と一二三との間にも確執があった。兄・広務は自分の後に園部町長になった弟の仕事ぶりを苦々しく思って見ていた。「一二三はすぐに政治を商売にする」と不満を漏らしたこともあった。

一二三は兄に続いて国政進出を模索していた。中川も当然、政治的な野心を抱いている。両者のうちどちらが京都の農協連合会会長に就いても、広務にとって厄介な存在になりそうだった。

広務が下した結論は、「農協の人事に嘴《くちばし》を挟まない」というものだった。

民間の組織である農協の人事に介入すること自体がリスクだったし、その結果生まれる「一二三会長」の下のＪＡグループ京都で不祥事でも起きようものならば、広務自身の政治生命に関わりかねなかった。

広務はこの年の六月、自治大臣・国家公安委員長として初入閣を果たす。つまり、Ａからの相談を受けたのは、政治家として身辺に神経質にならざるを得ない時期だった。

後から見れば、野中のこの「農協人事への不介入」の判断は、日本の政治史を変えるほどの重大な結果をもたらした。

中川は九四年に府内の農協の保険事業（共済事業）を統括する京都府共済連会長に就任。それ以来、二七年以上にわたってＪＡグループ京都を牛耳り、職員を選挙に動員するなど組織を私物化した。農協を支配することで中川は安定した資金源と集票力を手にし、野中の「天敵」に育っていった。

他方、広務と一二三との兄弟関係は、両者が直接やりとりすることが途絶えるほどに悪化していった。

では、一二三を担いで、中川を抑え込む謀《はかりごと》を巡らせたＡは詰め腹を切らされたか、というとそうではなかった。

むしろＡは、中川の右腕として登用された。中川がＪＡ京都中央会、ＪＡバンク京都信連、ＪＡ全農京都（いずれも現在の組織名）の会長に就き、ＪＡグループ京都の支配体制を盤石にすると、ＡはＪＡグループ京都でさらに昇進。その後、長きに

JA京都中央会などJAグループ京都の主要団体が入居する京都JAビル。中川は1995年以来、同中央会の会長として君臨している

わたって中川の腹心として活躍した。

中川の手法の一つに「敵を仲間に取り込む」というものがある。敵陣営の参謀役も、使える人物なら自陣に引き入れてしまうのだ。これは農協の運営にかぎらず、政治でもそうだった。野中の側近で中川に〝寝返った〟人物は枚挙にいとまがない。

最年少組合長として全国組織へ進出

ＪＡグループ京都を手中に収めてから、中川は農協の全国組織の重要ポストを次々と奪取していった。

ＪＡグループ京都の四つの農協連合会会長となった九五年の翌年には、全国に三〇〇〇以上あった農協（当時）の保険事業の総元締めであるＪＡ共済連の副会長と、商社機能を担う全国組織、ＪＡ全農の取締役に当たる経営管理委員に就任した。

ここまできて、中川はやっと四四歳になったところだった。農協の世界では、まだまだ若輩者である。

農協全国組織の代表は、都道府県の連合会会長が務めるルールがあるため、どうしても高齢になる。「県連合会会長の年齢は七〇歳以上が半数近くを占めていた」（著書『弱みを強みに生きてきた この足が私の名刺』）というから、中川がいかに若いリーダーだったかがわかる。

実際に、中川は当時、ＪＡグループの現状を「長老支配」と批判し、リーダーの若返りの必要性を主張していた。

同書には、若かりし頃の中川の主張がまとめられている。少々長くなるが、重要な意見なので引用しておく。

単協（地域の農協）の組合長は総会で決める。候補は地区ごとの正組合員から人間関係で選ばれる地域代表だ。名誉職化しやすく、年配の地元有力者に落ち着きやすい。さらに、単協組合長でないと県連会長の候補になれず、県連会長しか全国連会長になれないという仕組みも、長老支配とトップの高齢化に輪をかける。（中略）地域のまとめ役なら経験豊富な長老でもよいが、激変する経済環境に経営トップとして腕を振るえるとは思えない。農協合併や人員整理など、波風を立てず先送りする傾向が強いからだ。

現在もＪＡグループには「老害リーダー」がのさばっている。約二〇年前にこうした主張を展開していた中川は、改革の旗手といっても過言ではない存在だった。

一般的に、ＪＡグループの都道府県連合会会長や全国組織の会長になる農家代表は出世するに従って、上部団体の一流大学卒のエリート職員に丸め込まれてしまう。農家のためにＪＡグループを改革しようと情熱に燃えていた農家代表が、上部団体の既得権益を維持しようとするエリート職員にとっての「都合のいい会長さん」になり下がってしまうのだ。

中川がそうならなかったのは、多くの農協リーダーと違い、農協組織の会長ポストがゴールではなかったからだろう。農協組織の役職はさらなる高みを目指すための「手段」でしかなかったのだ。彼の目線の先には国会議員の地位があった。

だが、そうした志ある目標を維持できたのも五〇代までだった。

中川は小泉チルドレンとして自民党の衆議院議員となったが、五七歳で再選を目指すも落選。六一歳のとき今度は無所属で衆議院議員選挙に出馬するもあえなく大敗し、政治家としての芽はついえた（中川の国政選挙についての詳細は第四章の5、6参照）。

中川はそれ以降、自分自身が糾弾していた農協の老害リーダーへと身をやつしていくのだ。

ＪＡグループでは現在、会長の定年について「就任時に七〇歳以下」を基準にしている（全国に五五一ある地域農協を束ねるＪＡ全中などの定年ルール）。

中川は若い頃、こうした定年ルールを盾に高齢の農協組合長を追い落として伸《の》し上がった。だが、五一年九月生まれの中川は、ＪＡグループの全国組織会長の次の改選期には七〇歳以上になる。つまり、定年ルールが変わらなければ立候補の要件を満たせなくなるのだ。

そうした事情があるので、中川は近年、農協組織の年齢制限の延長を主張してきた。以下は、前述の講演での発言だ。

最近こんなん言うとるねん。（ＪＡグループに定年ルールを導入することを奨励した）国に騙されたなと思うとんねん。「農協の組合長さんは、六〇歳で辞めなさい、七〇歳で辞めなさい」いうてどんどんルールを作ったんや。

僕ね、二五年間全国連（の役員をやって）おるんやけど、どんどんどんどん（周りの全国連役員の農協リーダーの）器が小さくなってきたわ。昔の組合長さん会長さんの家いうたら門屋《かどや》（門に付属して建てられた小屋）があって、大きな庭を持った金持ちの家ばっかりやった。最近は職員上がりの組合長も増えてきたし、器が小さなってきた。

でも農協の組合員さんは平均七五歳や八〇歳や。そんな中で、僕は定年制はいかがなもんかなと、農協を改革することができるのは、七〇歳を越した人なんちゃうかなと、最近そう思うようになってきてます。

組合員に「このままでは農協潰れますよ」と、歳の若いやつ（組合長）から聞いたって（組合員が）聞くはずがないやん。やっぱり（農協のリーダーに）それなりのお歳は必要かなと。国は、（農協を）弱体化さすためにこんなこと（定年ルールの導入の奨励）をやりやがってなあと、最近そう思う一人であります。

ミイラ取りがミイラになるとは、まさにこのことではないだろうか。

四七都道府県の農協中央会で「知名度二位、支持率四六位」という現実

ここからは、中川が農家からどう評価されているか、データで見ていこう。

ダイヤモンド編集部は一九年と二〇年の特集「儲かる農業」において、全国の担い手農家を対象にアンケート※1を実施し、同アンケート結果に基づいて各都道府県の農協中央会会長の知名度※2と支持率※3を公表した。中川の結果は以下だった。

二〇一九年　知名度五八・六パーセント（全国順位四位）、
　　　　　　支持率三九・七パーセント（同四三位）
二〇二〇年　知名度六〇・七パーセント（全国順位二位）、
　　　　　　支持率二二・二パーセント（同四六位）

※1　「担い手農家アンケート」の主な対象者は（1）都道府県の農地中間管理機構を利用した農家（同機構に情報公開請求などを行い、法律に基づいて住所を取得）、（2）日本養豚協会（JPPA）豚肉トレーサビリティで住所を公開している養豚農家。郵送による調査に加えて、インターネット調査でも広く回答を募集した。有効回答数は一九年一九六二人、二〇年一六六一人。回答農家の平均年齢はいずれも五〇代で、農産物のJA出荷割合は一九年五二・八パーセント、二〇年四六・一パーセント

※2　「知名度」は自分が営農する都道府県の農協中央会会長の名字を「知っている」と回答した農家の割合

※3　「支持率」は都道府県農協中央会の「方針を支持しますか」との問いに「はい」と答えた人を一ポイント、「わからない」を〇・五ポイント、「いいえ」を〇ポイントとして合計し、その数値を回答者数で割った数字

中川は九五年以来、ＪＡ京都中央会会長を務めている。その間、衆議院議員にもなっているので、京都府の農家からの知名度が高いのは当然である。問題は全国四七都道府県の中でも最下位クラスに沈んでいる支持率の低さだ。

中川の場合、他の都道府県の農協中央会会長より在職期間が長いので（一般的に農協連合会の会長は一期三年～二期六年で退任することが多いが、中川は二七年以上、農協中央会会長の座にある）、農家から支持される農業振興にじっくり取り組むことができる時間的な余裕はあったはずだ。

それにもかかわらず、中川は京都府の農家から支持されていないのだ。

2 恐怖支配を象徴する「農協労組潰し」

中川泰宏が農協の経営に携わる前に得意としていたのは、経営難に陥った企業を整理、売却するビジネスだった。農協の経営再建でもそのノウハウを存分に活用した。だが、リストラや合併は、農協の本業である農業振興の機能を弱体化させてしまった。

初めて組合長を務めた京都府の八木町農協は、農業の特産品も、住宅ローンなどの金融事業の収益機会も少ない農協だった。だが、中川はその弱小農協を足掛かりにして『国盗り物語』(司馬遼太郎)のように周辺の農協をのみ込んでいった。

府内の農協数は、中川が組合長になる一九八八年には七〇以上あった。それが、彼がJA京都中央会会長に就任した九五年には三八に減少。中川が「府内一農協構想」を掲げて合併を推進した結果、現在は五つまで集約している。

農協大合併の台風の目になったのが、中川がトップを務めるJA京都(JA京都中央会の下部組織である地域農協で、八木町農協もその前身の一つ)だった。

京都の農協が、不良債権や余剰人員を抱えて慢性的な経営不振に陥っていたことは事実だ。中川は、ぬるま湯に漬かっていた農協界において「聖域なき構造改革」を行うリーダーとして登場した。自民党にとっての小泉純一郎のような〝劇薬〟だったのだ。

　ある中川の支持者は、「泰宏（京都の人の多くは中川を〈たいこう〉と呼ぶ。正式な読みは〈やすひろ〉）の功績は、京都府の農協合併だ。彼でなければできなかった」と筆者に語った。

　だが、中川による構造改革は、本当に農協の組合員である農家や職員のためになったのだろうか。データや公式文書に基づいて実態を見ていこう。

農協リストラで職員六割減

　最初に、京都の農協の職員数を見てみよう。農林水産省の統計によれば、中川がＪＡ京都中央会会長に就いた九五年度の農協職員数は三九九五人だった。それが二〇一九年度までに一七六四人となり、五六パーセント減少している。同時期の全国の農協職員の減少率三六パーセントを大幅に上回る急激な人員削減が行われたことになる。

　その結果、農協の生産性が向上したのは確かだ。下図を見てほしい。中川が農協に大なたを振るい始めてから、京都の農協の事業管理費の比率が下がって筋肉質な経営体質に変わっていったのがわかる。


農協の事業総利益に占める事業管理費の比率の推移

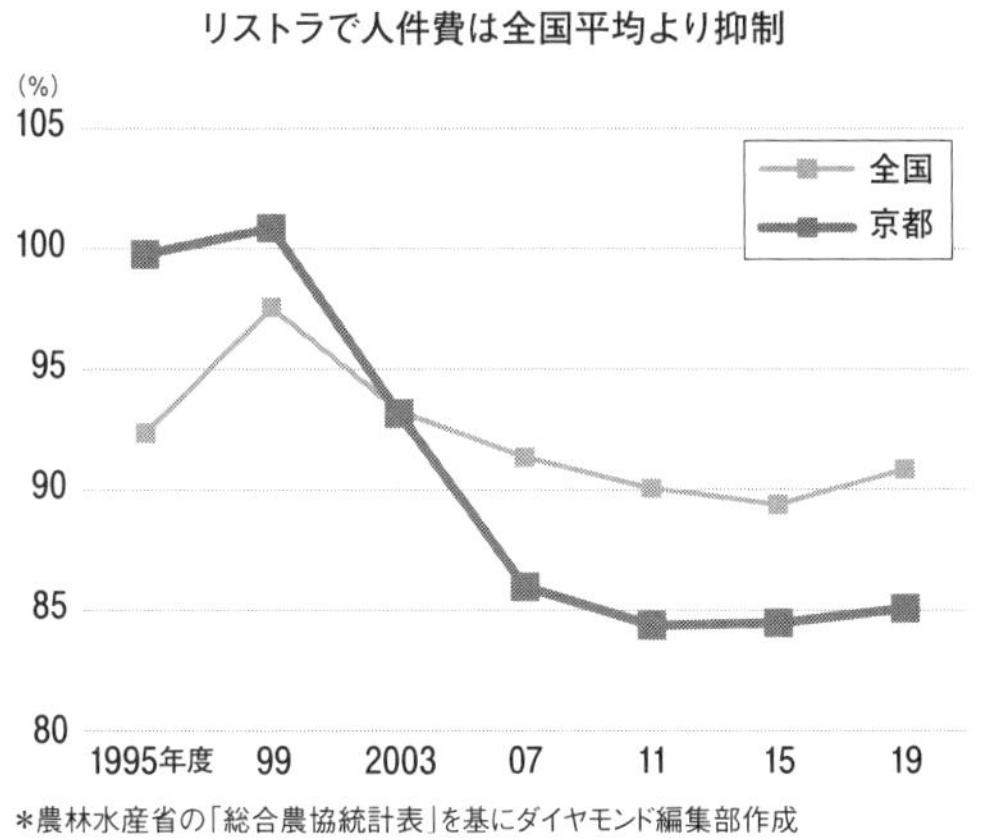

＊農林水産省の「総合農協統計表」を基にダイヤモンド編集部作成

中川は農協の再編について、吸収合併のかたちで進めたことをポイントに挙げている。合併する農協双方の立場を尊重する対等合併ではなく、主導権を握る側をはっきりさせる弱肉強食の合併でなければリストラや改革はできないという考え方だ。

中川はJA京都が他の農協を統合する際、吸収される農協に、不良債権をすべて整理することと、非効率の元凶となっていた子会社を独立させることを求めた。

リストラを行う際の中川の冷徹ぶりは、八木町長時代に公営病院の経営を黒字化した際のやり方に表れている。病院の警備や掃除など外部に任せられるものはすべて外注に切り替えた。薬品や文具などの調達も入札制に変更した。彼は、「従来にないやり方に各方面からクレームが持ち込まれたが一切無視した。一つでも既得権益を認めたら改革は頓挫する」と著書『弱みを強みに生きてきた　この足が私の名刺』に誇らしげに書いている。

衆院選当選の直前に行った労組潰しが違法認定

こうした考えに基づく徹底したリストラが、経済合理性より地域の人間関係が優先されがちな農協にとって必要だったことも事実だろう。だが当然、副作用もあった。

その典型が、JA京都に二〇〇五年四月一日に吸収合併されたJA京都丹後の労働組合潰しだ。

JA京都に吸収合併される農協の職員は、統合後も引き続き農協に勤めたとしても、退職金の額を決める勤続年数が通算されないなどの不利益を受けていた（福知山市や亀岡市の被合併農協の例。ただし、結果的には合併から二年後には通算されることになったようだ）。

ＪＡ京都には労働組合がなく、「職員会」なる組織が一応、労組の代役を担っていた。

こうした実態を知ったＪＡ京都丹後の職員が不安になるのは当然だ。ＪＡ京都丹後の労組は合併前に、ＪＡ京都との合併後の雇用条件について経営陣に協議を求めた。

しかし、すでに中川の影響下にあったとみられるＪＡ京都丹後の経営陣は、団体交渉で「明確に言えない」などと不誠実な回答しかせず事実上、交渉を拒否。それだけでなく、労組に代わる組織として新たに「職員会」をつくって職員に加入を促し始めた。

ＪＡ京都丹後の管理職は「（職員会に入らなければ）人事考課に影響するかもしれない」「何で（職員会への加入申請を）書けんのだ」などと言って職員を勧誘した。労組側は当然、危機感を強めた。

この攻防のヤマ場は合併の一〇日前、三月二一日にやって来た。

同日午後一時三〇分から、ＪＡ京都丹後は職員一〇〇人以上を集めて合併後の人事異動の内示を行ったのだが、ある部長が、執行委員長や書記長など労組幹部ら四人を名指しして、内示を後回しにする旨を告げたのだ。

そして、その直後に開かれた職員向けの説明会には、いよいよ中川本人が出席した。彼は、「ＪＡ京都には『職員会』がありますよ。そこで話し合いをしよう」「全体の中ではなかなか会議が進めにくいので、代表選手（『職員会』のこととみられる）を決めてもらって全員入った中で話がしたいと申し上げておりましたが、訳のわからん労働組合さんが結局話もせずに今日まできてしまいました」「ＪＡ京都もＪＡ京都丹後も要らんという人はまだ人事について（内示を）おつなぎできていない」などと労組を敵視する発言を行った。

労組への圧力はこれにとどまらなかった。労組幹部ら四人は午後四時三〇分頃まで内示を留保されたまま待機を強いられたが、キーパーソンだった書記長だけが中川から別室に呼び出され、どう喝されたのだ。

中川は書記長に対し、「労組の役をやっているのか」「どこも（どこの部署・組織も、君を）要らんと言うとる」「ＪＡ全農に行きたいんか（その場合、ＪＡグループ京都の関連会社、京都協同管理に転籍してから全農に出向することになる）」「組合はどうする。辞めへんのか。あっち行ったら活動できんど」「農機（の担当）は長いらしいな。うちへ来いや。八木町へ来いや」「全農に話をしてみる。二日後話をする」「あかんかったらうちやど（中川が事実上経営している泰宏農場生産組合など、中川のファミリー企業で働くことを意味するとみられる）。どうするんや」などと畳み掛けた。

同席したＪＡ京都丹後の役員は、中川の発言をただ黙って聞いていたという。京都府労働委員会は後に、中川の書記長に対する発言を「遠隔地配転を示唆して労組からの脱退を促す脅迫である」と指摘。労働組合法で禁止されている不当労働行為と認定した。

その後も、労組への弾圧は続いた。四月一日の農協合併まで、経営陣は管理職を動員して猛烈な労組脱退工作を仕掛けたのだ。その結果、一七〇人以上いた労組組合員のほとんどが、自身が組合員であることを明らかにできない状況にまで追い込まれた。

労組は合併後、ＪＡ京都の労組に名称を変えて存続したが、中川からの執拗な攻撃は続いた。

四月四日には中川が労組委員長に電話し、「農協労組なんか飯食わしてくれへん」「（労組の組合員は）委員長ともう一人（次期委員長になる人物）しかいないだろう」などと発言し、労組からの脱退を促した。京都府労働委員会はこの発言も、後に不当労働行為であると認定した。

それに続いて、労組にとって大打撃となったのが、労組事務所が入居していた農協の支店から立ち退きを強制されたことだ。ＪＡ京都から「四月二六日に施設を解体する。それまでに出てくれ」と一方的に告げられ、労組は農協内に居場所を失った。代替施設を提供することなく行われたこの退去要請についても、京都府労働委員会から不当労働行為の認定を受けた。

こうした京都府労働委員会による不当労働行為の認定、救済命令は〇七年四月のことで、実質的な農協側の全面敗訴といえる。同委員会が労働者側の申し立て内容を全面的に認めて救済命令を出すのは〇一年以来、実に六年ぶりのことだった。中小のブラック企業などではなく、農協という公的な組織が明確な労働組合法違反を行っていたことは衝撃を持って受け止められ、多くのメディアがＪＡ京都の労組潰しについて報道した。

労組は救済命令によって問題が解決することを期待した。しかし、実際にはそこから最高裁判所の判断に至るまでの長い消耗戦を強いられることになる。

まず、ＪＡ京都は中央労働委員会に再審査を申し立てた。そこで再び敗訴すると、今度は裁判所に闘いの舞台を移した。中央労働委員会による救済命令の取り消しを求めて提訴したのだ。結果は、東京地方裁判所で敗訴（一一年三月）、東京高等裁判所で敗訴（一二年一一月）、最後に最高裁がＪＡ京都の上告を不受理とするまでには、労組潰しが行われてから実に七年以上が経過していた。

労組は長い闘争を闘い抜いた。だが、訴訟に勝ったが、実質的には敗れたと言わざるを得ない。七年以上もの間、労組は農協内で徹底的に弾圧され、弱体化を余儀なくされたからだ。

ＪＡグループ京都の労組関係者は筆者に「労組側は経営陣とのやりとりをしっかり記録していた。中川らは油断して（労働委員会から不当労働行為の認定を受けるようなことを）まくし立てた。それが彼らの敗因になった」と内幕を明かした。逆に言えば、労組側が中川らの発言を慎重に記録していなければ、悪質な労組潰しは握りつぶされていたかもしれないということだ。

ＪＡ京都の労組は、農協系労組の全国組織、全国農業協同組合労働組合連合会（全農協労連）や共産党の側面支援を受けていたので長い法廷闘争に耐えることができた。

全農協労連幹部は「京都の農協は労組活動が活発なことで有名だったが、残念ながら、ＪＡ京都においては見る影もなくなってしまった」と話す。

アメとムチの統治手法――優遇と弾圧

指摘しておきたいのは、この労組潰しが、中川による農協の「恐怖支配」を象徴しているということだ。彼は自分に服従し、手足となって働く職員は優遇し、労組のような邪魔な存在は徹底的に冷遇してきた。

ＪＡ京都丹後が行った職員会への強引な勧誘活動は不当労働行為に認定されたが、農協はこの職員会の問題について「人事部長が個人的に結成を企てたもので、ＪＡ京都丹後は関与していない。問題の責任を取らせるため、人事部長ら関係した職員を懲戒処分とした」などと労組に説明。合併前の三月一一日付人事で、人事部長は課長職に降格させられた。しかし、である。当該の前人事部長は合併当日の四月一日付で、人事・コンプライアンス部長に返り咲いているのだ。

吸収合併された農協の前人事部長が、合併後の農協の人事・コンプライアンス部長に就任するのだから、懲戒処分どころか昇進といっても過言ではない。中川は汚れ役を引き受けた幹部職員を人事で処遇したのだ。このようにしてＪＡグループ京都の幹部職員は中川に忠誠を誓うイエスマンたちで固められていった。

なお、労組潰しが不当労働行為に認定されたことなどを意に介すことなく、中川は権力の階段を上っていった。ＪＡ京都丹後を吸収合併した〇五年の夏、衆議院議員選挙に出馬し、小泉チルドレンとして中央政界に進出したのだ。

美辞麗句の裏で農業振興は実績伴わず、営農部門は大幅縮小

中川による農協の構造改革は、その手法の是非はともかく、たしかに一時的には生産性を高めた。だが重要なのは、農協がそうして得た投資余力を本業である農業振興に使い、組合員の農業

所得が高められたかどうかである。

農水省の統計データを見ると、中川が農業を振興するどころか、農協の農業事業を弱体化させてきたことは明らかだ。

第一に、農家の生産活動をサポートする営農指導員の人数を激減させている。中川がＪＡグループ京都の連合会会長に就任する前年度の九三年度には二五〇人いた営農指導員は一九年度に一〇九人となり、五六パーセントの減少である。この減少率は全国の営農指導員の同時期の減少率二六パーセントを大幅に上回っている。

営農指導員による農家支援などに使われる支出（指導事業支出）も同時期に六五パーセント減。これも、全国の農協の減少率三一パーセントを上回っており、壮絶なリストラを物語る。営農指導員は農家と農協のタッチポイントの役割を果たす。その重要部門をヒトとカネの両面から半分以下に縮小させたのである。

その結果、農家による農協の利用が減るのは必然だった。

京都の農協の農業事業総利益（農産物の卸売りや肥料・農薬の販売などによって農協が得た粗利）は同時期に何と八一パーセントも減った（全国の農協では同五一パーセント減）。

農業のメインプレーヤーである農協がこの体たらくなのだから、京都府の農業が衰退するのも当然だった。一九年の農業産出額は九三年から二二パーセントも減少したのだ（全国の同時期の減少率は一五パーセント）。

農協の粗利全体に占める農業事業の比率は、中川がＪＡ京都中央会会長になった九五年の二九パーセントから一〇パーセントまで減少。京都の農協は全国の農協より早く、農家を相手にした農業事業を縮小し、非農家の地域住民を対象にした金融事業への依存を深めていったのだ（左下図参照）。

ＪＡグループ京都のように、本業である農業事業をおろそかにし、単なる金融機関へと変わっていった農協を、近年、日本銀行のマイナス金利政策が直撃し、深刻な経営問題となっている。

元来、商才に長けている中川は、こうした農協の経営リスクを見抜いていたようだ。〇三年に、農協関係者との対談で次のように語っている。

> 地元京都府のＪＡ（地域農協）の経済事業（農業事業のこと）は、全体で二八億円の赤字になっています。この赤字は信用事業（銀行業務）と共済事業（保険事業）の収益で補填しています。（中略）ＪＡは、本来の営農指導事業、（農産物の）販売事

農協の事業総利益（粗利全体）に占める農業事業総利益の比率の推移

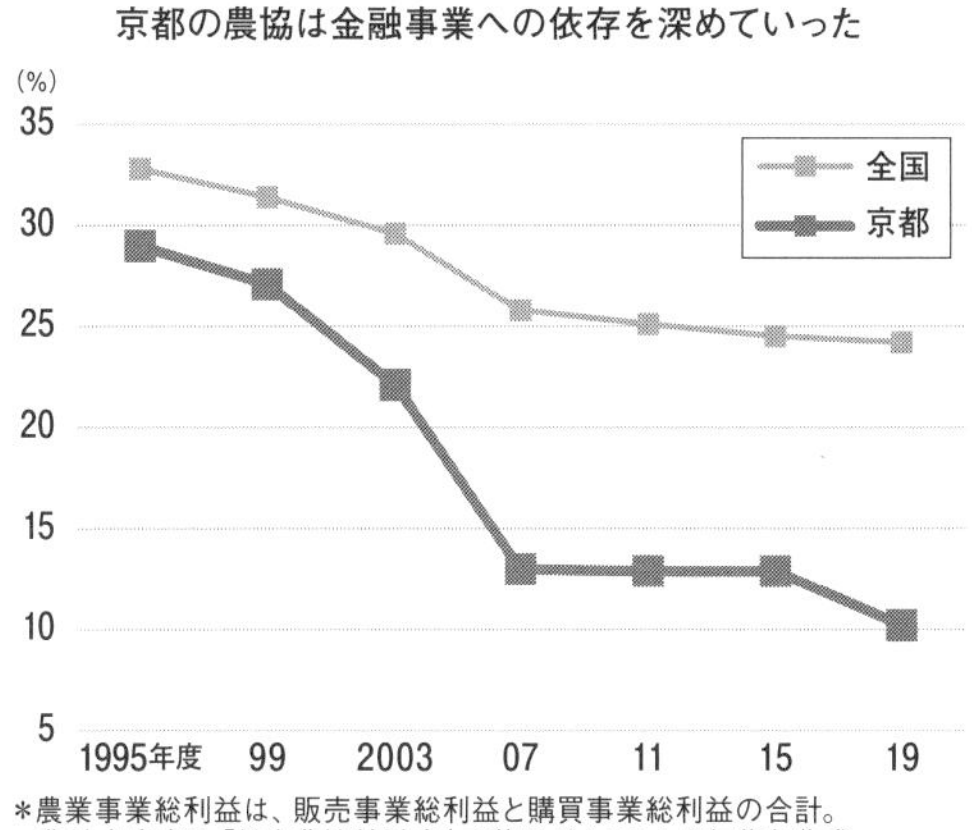

＊農業事業総利益は、販売事業総利益と購買事業総利益の合計。
農林水産省の「総合農協統計表」を基にダイヤモンド編集部作成

業といった分野に力を入れるべきです。こうしたことが経済事業の今後の方向だろうと思います。本来、金融の収益で経済事業の赤字を補塡するのはおかしいですよ。

上記はまさに正論である。金融依存を軽減するため、農業事業の収益力を強化することの必要性は〇三年よりむしろ今のほうが高まっているとさえいえる。

また、ＪＡグループの内部研修では、もっとシビアに農協の事業の見通しを述べている。左記は、一七年に中川が農協幹部を集めた会合で行った講演での発言だ。

時代はこれからもっと変わると思いますよ。何が変わるねん言うたら、一番変わるのが、いまは年を取った人が事故をする。私も、軽（自動車）しか乗ったらアカンて奥さんに言われて、軽のジムニーに乗って、毎朝、牧場を見に行ってます。私は牛を一〇〇〇頭くらい飼うてますから。でも、これから免許証がなくなる制度が入って来ませんか。なんでや言うたらロボット（による自動運転）です。牧場に行きたい言うたら、ボタンをポンと押したら勝手に牧場に行く。農協に行きたい言うたら、勝手に行く時代がもうそこに来てますよ。そうすると何が変わるいうたら、保険の制度が変わる。ＪＡ共済、車の保険がなくなるやん。運転手が保険（の掛け金）を払うのか、自動車会社が払うのか、ロボットのソフト会社が払うのか、ものすごく変わりますよ。そうすると、ＪＡ共済のあり方が変わってくる。

この間、新潟で大火事があったんかいな（一六年に新潟県糸魚川市で発生した大規模火災のこと。強風にあおられ商店や住宅など一四七棟が焼損した）。その火事で一軒だけが残ったやろ。あんだけ燃えても燃えない家ができたら、火災共済も変わるわな。

そうすると農協のあり方も変わっていかな。いまは（農協は）共済事業だけで食うとんのやという人もおる。これで儲けて農家に（収益を）返しとんのやと。ホンマかなと。これから（共済事業などの低収益化で）そういうこともなくなってくるさかいに、ちっちゃい農協ではやって行けない。（中略）時代が変わってくるから。もう金融機関も変わりますよ。二五年には（金融機関は）半分なんのちゃうか言われとんねん。なんでや言うたら、もう銀行に行く人おらへん。ほとんどのサラリーマンはカードや。コンビニでお金を出して、コンビニでお金を入れる。給料は勝手に振り込まれる。支払いはすべてカードや。どんどん五年以内に変わるやろ。銀行業務が必要やなくなんねん。

この講演で話したとき、中川は六五歳である。やはり彼は、こと商売の嗅覚に関しては、農協界で群を抜いているようだ。保険と銀行業務が低収益化するからこそ、本業である農業事業で稼げるようにならなければ農協の未来はないとわかっているのだ。

しかし、彼は時代の趨勢を読んでいながらも、農協の農業事業を強化するどころか弱体化させた。また、全国の農協も中川の問題提起には耳を貸さなかった。農水省によれば、二〇年度の全国の農協一組合当たりの農業事業の赤字額は二億六九〇〇万円で、この赤字を金融部門の黒字（信用事業三億九三〇〇万円、共済事業二億三四〇〇万円）で補塡する構造は何ら変わっていないのだ。

農家アンケートでは不支持表明や退任を求める声

次に、京都府の農家が農協についてどう思っているのかをまとめておく。

左記は、ダイヤモンド編集部が行った全国の担い手農家を対象にしたアンケート（調査方法などの詳細は第三章の1参照）において、中川が会長を務めるＪＡ京都の管内で農業を営む農家が回答した内容だ。

■二〇二〇年の農家の回答

「京都府の農協中央会トップが、自分の息子を農協の弁護士として起用している。農協の私物化ではないか」

「農協を私物化している」

「農協が前向きな組織になれば、農家所得が上がると思う。しかし、現在の農協は関わるだけ時間の無駄だし、関わることでマイナスになる恐れがある」

■二〇二一年の農家の回答

「農協はコメ農家を相手にしていない。買い取り価格は安い。担い手対策もない。地域に入ろう

「古いつき合いのある人しか優遇しないし、情報も出さない。生産振興に力を入れていない。やる気があるのは共済（保険事業）のみ」

「トップが農協を私物化している。（ダイヤモンド編集部は）もっと私物化を明らかにしてください」

「（中川）会長は退任するべきだ。在任期間が長過ぎる」

「トップが強過ぎて、職員のやる気がない。二年ごとに職員が異動するのでつき合ってもむなしい。将来のビジョンを描けない」

「農家支援自体を実質行っていない」

このように、農業の現場からは辛辣な言葉が寄せられている。

3 ファミリー企業による悪質な不動産取引

ＪＡグループ京都を二七年以上にわたって牛耳ってきた中川泰宏は、農家らの出資でできている農協組織を私物化してファミリー企業への利益誘導を行っている。中川が会長を務めるＪＡバンク京都信連から二億円超の融資を受けて農協から購入した土地で「地上げ」を行った衝撃の事実を明らかにする。

前述の労働組合潰しのように、中川の強引な行動は時として法に触れることがある。だが、労組が法廷闘争に七年以上の歳月を要したように、中川を相手に「社会的な決着」をつけるには長い年月とコストを伴う。そのため多くの場合、被害者は泣き寝入りせざるを得ないのが実態だ。

しかし、そうしたリスクを覚悟して法廷闘争に臨み、勝利したケースは労組以外にも存在する。以降では、中川の親族が役員を務めるファミリー企業が悪質な地上げを行い、最終的に裁判で敗訴に追い込まれるまでの顛末を記す。

地上げには、中川が会長を務めるＪＡバンク京都信連や、ＪＡグループの旅行代理店である農協観光などが加担した。ＪＡグループの組織が中川の意のままに操られ、ガバナンスがまったく働かなくなっていることを象徴する事件である。

実行部隊は中川のファミリー企業

京都駅からＪＲ山陰本線で一駅、京都鉄道博物館がある梅小路京都西駅から徒歩五分という「超好立地」に地上げの現場がある。

筆者が現場を訪れた二〇二〇年五月、同駅に隣接した全二〇六室の巨大ホテルが開業に向けた仕上げの工事を行っていた。そのホテルの奥に、せり人が行き交う京都市中央卸売市場が広がる。市場の一画（本場に隣接するいわゆる場外市場）が、問題の舞台である。

発端は一四年にさかのぼる。三八一五平方メートルに及ぶ土地・建物の所有権がＪＡ京都市から「伊藤土木」なる会社へと移ったのだ。大家が変わったことで、その土地で卸売業を営んできた二五の事業者の生活は一変した。

理不尽な地上げの実行部隊となったのが伊藤土木である。実は、伊藤土木は中川一族のファミリー企業だ。その登記簿上の代表取締役には中川の長女、監査役には中川の妻が名を連ねている。

一五年一月に、中川の次男、中川泰國が「伊藤土木社長」の肩書を名乗って卸売事業者らにあいさつにやって来た（泰國はＪＡ京都〈ＪＡ京都市とは別の農協〉の常務理事を務めている）。その場で泰國は卸売事業者らに対して、「賃貸契約は（今まで通りで）変わらない」と話した。

問題の発言はここからだ。その舌の根の乾かぬうちに「共用の水道は止める。トイレは撤去する」と言い放ったのだった。

呆気《あっけ》に取られる卸売事業者らを残して泰國はその場を立ち去った。卸売事業者らが日を改めて設けた「新たな大家」との意見交換の場には、泰國本人やその部下が現れることはなかった。

強制的なバリケード封鎖が裁判所から「違法認定」

その後、伊藤土木の傍若無人な振る舞いが相次ぐようになる。一方的に施設の撤去や封鎖を通告し、期限が来たら即座に実行する。卸売事業者が、自費で壁を修繕したいと申し出ても、取り合ってもらえなかった。

勝手に自費で修繕すると契約違反であるとして退去を求められるので、卸売事業者らはブルーシートなどによる応急措置でしのぐしかなかった。

卸売事業者らでつくる自治会会長を務める小林商店代表の小林悟は「応急処置が可能ならまだましだ。床が壊れてやむなく閉店した食堂や、トイレが遠くなったのがきっかけで廃業した高齢の経営者もいた。寂しいことだ」と語る。

実際に、共同トイレの閉鎖や水道の止水、さらには重要な商売道具である大型冷蔵庫の強制撤去といった嫌がらせにより、事業者はくしの歯が欠けるように減っていった。

そんなときに、事件は起きた。後に今回の地上げ手段が裁判所から「違法認定」を受けるきっかけとなった出来事である。

組織ぐるみの地上げの経緯

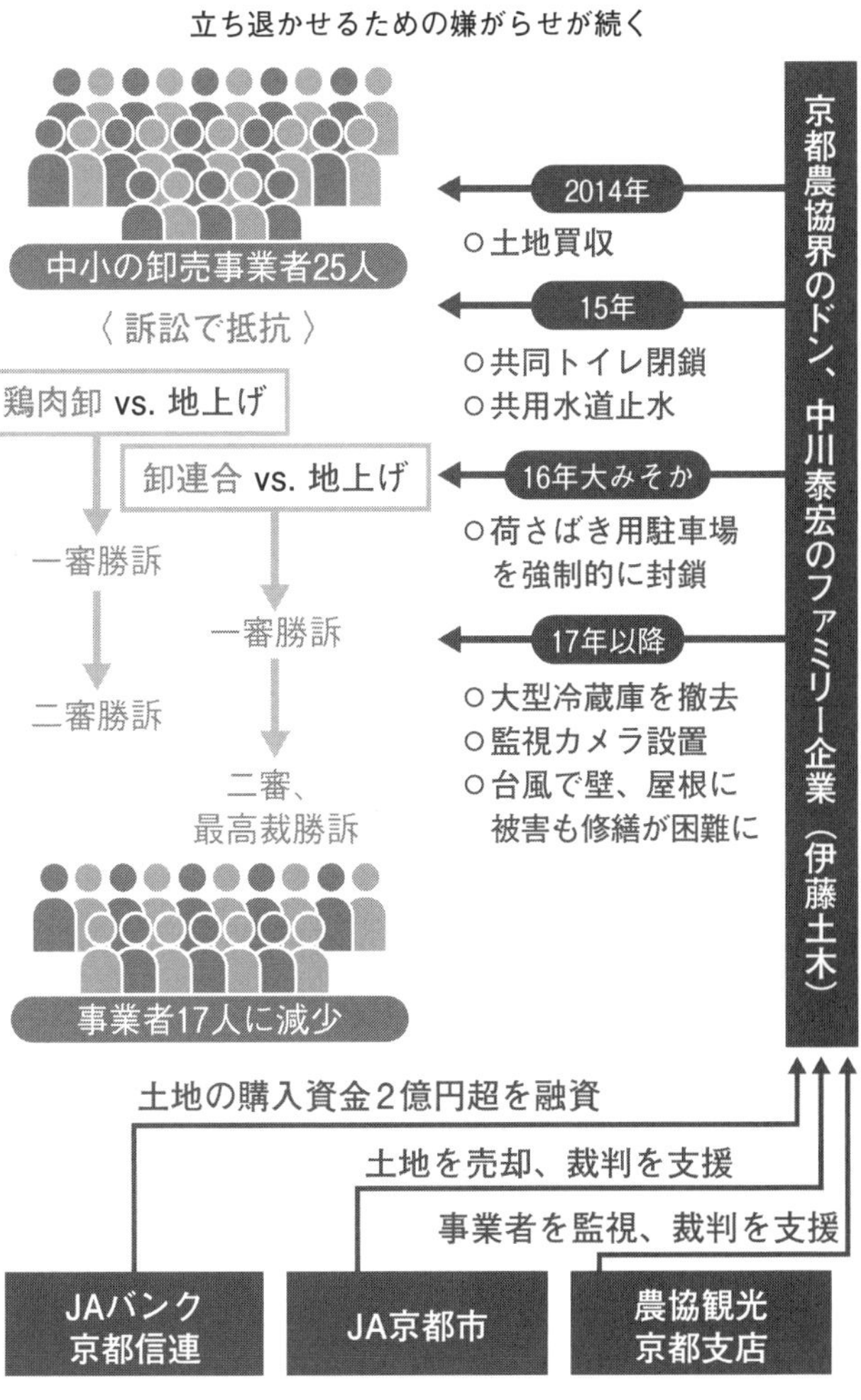
立ち退かせるための嫌がらせが続く
中小の卸売事業者25人
〈 訴訟で抵抗 〉
鶏肉卸 vs. 地上げ
一審勝訴
二審勝訴
卸連合 vs. 地上げ
一審勝訴
二審、最高裁勝訴
事業者17人に減少
2014年
○土地買収
15年
○共同トイレ閉鎖
○共用水道止水
16年大みそか
○荷さばき用駐車場を強制的に封鎖
17年以降
○大型冷蔵庫を撤去
○監視カメラ設置
○台風で壁、屋根に被害も修繕が困難に
京都農協界のドン、中川泰宏のファミリー企業（伊藤土木）
土地の購入資金2億円超を融資
土地を売却、裁判を支援
事業者を監視、裁判を支援
JAバンク京都信連
JA京都市
農協観光京都支店

一六年の大みそかの午前中に、伊藤土木が作業員二人を送り込み、卸売事業者らが荷さばき場として使っている屋根付きの駐車場を強制封鎖しようとしたのだ。

鉄パイプや針金を積んだトラックで現れた作業員に対し、卸売事業者らは手を後ろに組み、体を張って閉鎖を阻んだ。卸売事業者らから相談を受けていた弁護士や警察官も駆け付ける騒動に発展した。

伊藤土木側がその場から退去したので、一時は事態が収束したかのように見えた。

だがほっとしたのもつかの間、翌日の元旦、卸売事業者らは目を疑った。夜のうちに駐車場がバリケード封鎖されていたのだ。

卸売事業者らは前日に帰宅する際、駐車場に軽トラックなどを止めていたが、それらの車は勝手に外に移動されていた。

バリケード封鎖が裁判所の命令で解除されたのは、実に七ヵ月後のことだった。強制的な封鎖は、違法な自力救済（司法手続きによらず実力で権利を実現すること）である

地上げの被害に遭っている卸売事業者らは毎朝早くから商売に汗を流している

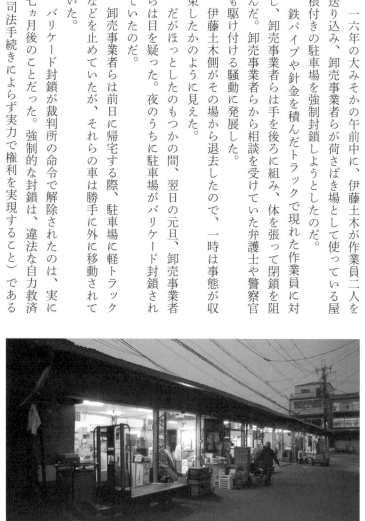

2016年12月31日、屋根付き駐車場を封鎖しに来た伊藤土木関係者（左側手前、ジャンパー姿の男性）。卸売事業者との間で押し問答となり、警察官が駆け付ける騒ぎになった（写真提供：卸売事業者）

泰宏農場生産組合

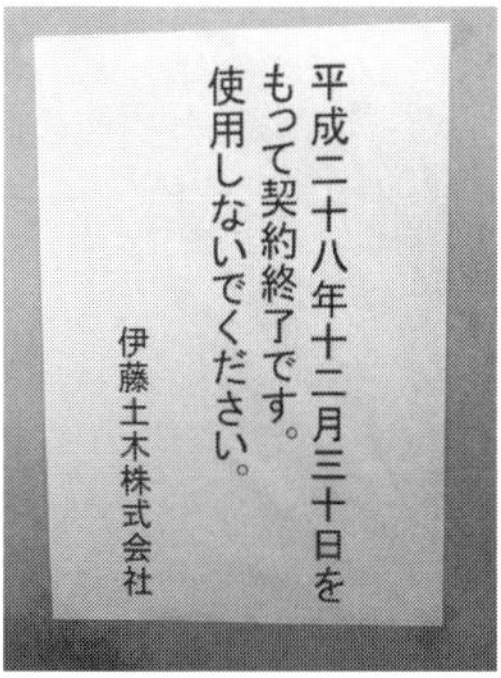
平成二十八年十二月三十日をもって契約終了です。
使用しないでください。
伊藤土木株式会社

右・2016年の年末に伊藤土木が屋根付きの駐車場に張り出した通告文。一方的に契約の終了を宣言している

左・施設を封鎖する作業員が乗ってきた泰宏農場生産組合のトラックに書かれた文字。同農場の取締役は中川泰宏の長女と次男、監査役は中川の妻が務める

京都中央農協市場

伊藤土木の関係者は一度退いたが、翌朝見ると、屋根付きの駐車場は封鎖されていた

と認められたのだ。封鎖解除の仮処分の後、裁判が行われ、京都地方裁判所、大阪高等裁判所、最高裁判所ともに卸売事業者らが勝訴した。

封鎖が解除されるまでの間、卸売事業者らは荷さばきを通路などで行うことを強いられた。雨の日は、商品がぬれないようにするために作業が著しく滞ったという。

封鎖解除後も、伊藤土木は駐車場の照明を撤去したり（冬場は暗闇の中でフォークリフトなどのライトだけで作業することになり危険）、監視カメラを設置したりして無言の圧力をかけ続けたのだった。

しかし、問題は地上げ手段の悪質性だけではない。より本質的な問題は、ＪＡグループという公的な団体が組織ぐるみで行った「地上げの構図」にある。

悪質な地上げを「協同組合」がバックアップしていた

驚くべきことに、巨額の資金とマンパワーを有するＪＡグループが組織ぐるみで地上げに加担しているのだ。

第一の「地上げサポーター」といえるのが、くだんの土地を売却し、端緒を開いたＪＡ京都市（ＪＡ京都中央会の下部農協）だ。

ＪＡ京都市が土地を売却したのは一四年一一月だが、同年六月には京都市が中央市場を含む「京都駅西部エリア活性化将来構想」の策定委員会を発足させ、すでに再開発の気運が高まって

地上げの現場周辺の地価の推移

伊藤土木が土地を「底値」で買収

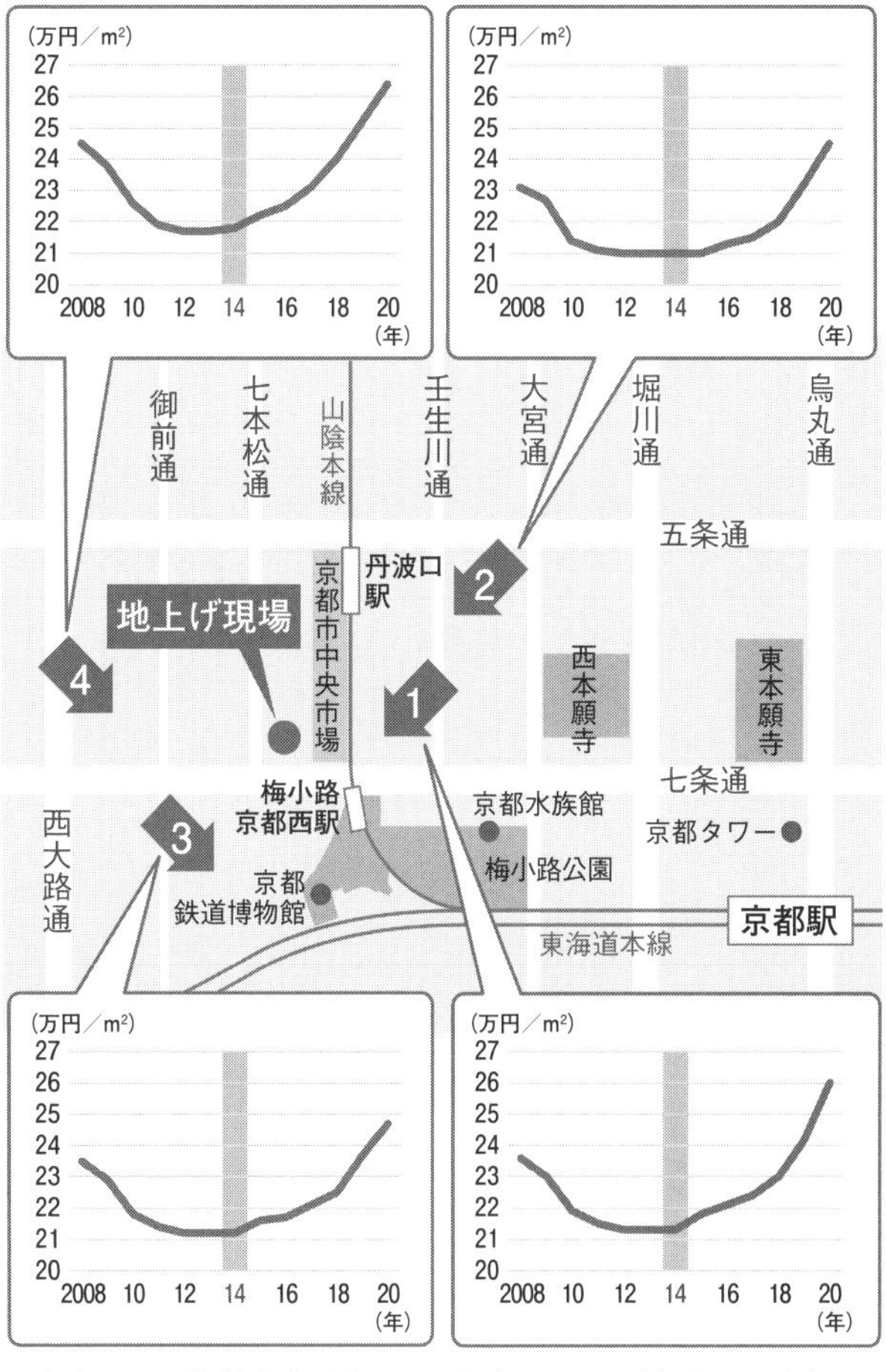

＊矢印1～4は伊藤土木が購入した土地の周辺の地価公示の地点。
矢印1～3の用途地域は宅地、4は準工業地域、地上げ現場は宅地

いた。

当該の土地は一五年に「都市再生緊急整備地域」に指定され、再開発の公共性が認可されれば容積率を緩和できるようになった。その後も、京都鉄道博物館の開業（一六年）や、最寄り駅となる梅小路京都西駅の開業（一九年）など地価の上昇要因となるイベントが続いた。

前頁の図を見てほしい。当該の土地の周辺にある四ヵ所の公示地価を見ると、一四年を底値に上昇している。

図中の矢印1～4の一四年当時の一平方メートル当たりの地価はいずれも二〇万円以上だ。当該の土地が、周辺の地価と変わらないとすると、その推定価格は七億円を超える。

筆者はＪＡ京都市に質問状を送り、値上がりが見込まれる土地を上部団体トップのファミリー企業に売却した理由や売却額、入札を実施したかどうかなどについて尋ねたが、回答は得られなかった。

最高裁で違法と判断された「地上げ」にＪＡバンク京都信連が二億円超を融資

第二の「地上げサポーター」はＪＡバンク京都信連である。この地上げプロジェクトに資金を提供した組織だ。

筆者が入手した内部資料によれば、ＪＡバンク京都信連は、伊藤土木に対して、当該の不動産の取得費用として二億五〇〇〇万円を融資した。伊藤土木への以前からある融資額七五〇〇万円と合わせた融資総額は二億八〇〇〇万円に上っている（一四年当時）。

その融資の妥当性は疑わしい。伊藤土木は一二年六月期～一四年六月期まで三期連続で営業赤字となっている。赤字企業である伊藤土木への融資が「妥当」であることの理由として同資料には、（1）取得する土地で卸売事業者から継続的に賃料が得られること、（2）伊藤土木が賃貸マンションを取得したことで増収になっていること――の二点が挙げられている。だが、実態はいずれも噴飯モノである。

（1）については、継続性どころか伊藤土木自身が事業者に追い出しを仕掛けているし、（2）については「自作自演」の疑いがあるのだ。

どういうことか。伊藤土木の増収に寄与した京都府亀岡市の賃貸マンションには、JAグループ京都や行政を会員とする京都府農業信用基金協会が入居していた。JAバンク京都信連とJA京都市は、共に京都府農業信用基金協会に四億円超を出資する「筆頭株主」である。

しかも、JAバンク京都信連は、伊藤土木がその賃貸マンションを購入した一三年一〇月、同信連を抵当権者、伊藤土木を債務者とする一億八〇〇〇万円の根抵当権を設定している（一年後に三億三〇〇〇万円の根抵当権に変換）。

伊藤土木が京都市中央市場内の土地を購入する際にも同額（三億三〇〇〇万円）の根抵当権を設定し、二億円超を融資していたことを踏まえれば、賃貸マンションの購入資金も、JAバンク京都信連が用立てたのではないかと疑わざるを得ない。

農協観光は裁判で事業者を退去させる「陳述書」を提出

卸売事業者を立ち退かせるために伊藤土木が起こした裁判に協力した第三の「地上げサポーター」もいる。

地上げの被害を受けた鶏肉の卸売りなどを行う「とりしまブロイラー」を、伊藤土木が訴えた裁判で、農協観光の京都支店長が、事実とは異なる陳述書を裁判所に提出したのだ。

農協観光は伊藤土木が当該の土地・建物を購入した後、とりしまブロイラーと同じ建物の二階に入居した。同支店長は建物への人の出入りをチェックし、とりしまブロイラー代表の本間辰彦ら家族が「(賃貸契約に反して建物に)居住しているものと思います」という陳述書を書いたのだ。

本間が、自宅マンションの写真や、近所の住民による証言を裁判所に提示し、反論したことで農協観光の京都支店長の主張は退けられ、伊藤土木が敗訴した。

この裁判では、伊藤土木が「あることないことを主張し、賃貸契約の解除を求めた」(本間)。その一例を紹介する。伊藤土木が共用トイレを撤去したために、トイレの壁と一体だった、とりしまブロイラーの壁面が剝がれ、土壁が露出した。ブルーシートで覆ってしのいでいたが、台風で土壁が崩れてしまった。とりしまブロイラーは伊藤土木に連絡した上で、崩れた土壁にトタン板を張りつけた。伊藤土木はこの修繕を契約違反だとして賃貸契約の解除を求めたのだ。これを「言い掛かり」といわずに何と表現すればいいのだろうか。

ここまで述べてきたように、地上げサポーターを動員する「地上げの構図」からは、中川一族によるＪＡグループ京都「私物化」の実態が浮かび上がる。

ＪＡ京都中央会の会長である中川が地上げに関わっていた疑惑も

そもそも、中川のファミリー企業に、ＪＡ京都市が土地を売ったり、ＪＡバンク京都信連が巨額の融資をしたりする行為は「利益相反取引」に相当しないのだろうか。

一般的な民間企業と同様に、農協組織でも〝役員〟と取引する場合は、理事会に取引の必要性や金額などを報告して承認を得るとともに、組合員への情報開示を行う必要がある。

ただし、伊藤土木のような「役員のファミリー企業」が〝役員〟に当たるかというと「ファミリー企業と役員が一体と見なせなければ利益相反取引とはいえない」（農水省協同組織課）という。

では、中川と伊藤土木が一体とは見なせなかったとしても、中川は同社の意思決定に関与していなかったのか。

関係者に取材したところ、中川本人が、積極的に地上げに関わっていたことが明らかになった。

伊藤土木が当該の土地を買った後に、中川が黒塗りの車に乗って現地を視察する姿が毎週のように目撃されている。卸売事業者らの店周辺を、自らの威力を示すように低速で走行し、「自分の土地だと言わんばかりに、卸売事業者のトラックが動けなくなる場所に高級車を駐車し、昼食を食べにいく」（小林）のだという。

もっと直接的に中川が関与したこともあった。伊藤土木に勝訴したとりしまブロイラーの社員が一六年七月、当該の土地を視察中の中川と鉢合わせしたのだ。高級車の後部座席のスモークガラスが下がり、現れた中川から直接、「空調の室外機などをどかしてくれ」と指示されたという。

これらの事実について確認するため、伊藤土木に電話したところ、応対した男性は、中川が経営していた「泰宏商事」という社名を名乗った。

泰宏商事の担当者が、伊藤土木の担当も兼ねていることを認めたため、さらに電話取材を試みたが断られてしまった。ファクスにて質問状を送付し、「中川泰宏が伊藤土木の経営に関与しているか」などについて尋ねたが、期限までに回答は得られなかった。

なお、今回の地上げは、事業としても失敗している可能性が高い。

伊藤土木がＪＡバンク京都信連から借りた二億八〇〇〇万円は一三年間で返済する契約になっている。毎月の返済額は約一八〇万円になる。伊藤土木が、卸売事業者や農協観光から返済額を上回る家賃収入を得られているかどうかは不透明だ。

当該の土地を高値で転売できなければビジネスが成り立たないからこそ、伊藤土木は強引な手法で立ち退きを迫ってきたのだろう。だが、卸売事業者らが一丸となって抵抗したために目算が狂ったわけだ。

それに加えて、伊藤土木は強引な立ち退きや施設撤去の代償を求められそうだ。

前述の通り、最高裁は二一年六月に伊藤土木の上告を受理しなかった。同社による施設の閉鎖などが違法であることが確定したのだ。

裁判の結果を受けて、卸売事業者らは伊藤土木に対する損害賠償訴訟を検討している。提訴に踏み切った場合、共同で使っていた屋根付きの駐車場を強制封鎖されていた期間中に、伊藤土木から徴収された賃料（七ヵ月分）の返還が争点の一つになるとみられる。

ただし、以上はあくまで伊藤土木が、地上げの〝迷惑料〟を支払うというだけのことだ。中川がＪＡグループ内で糾弾されたり、行政から指導を受けたりすることはなかった。

地上げの問題を記事にした二〇年六月以降、筆者は、農協を所管する農水省に中川やＪＡバンク京都信連の責任を追及しないのか聞いた。

農水省はＪＡバンク京都信連から伊藤土木への融資について「（事情を）聞きたい気持ちはある」（金融調整課）と関心を持っていることは認めた。

だが一方で、「記事になったからといって、個別の融資案件をピンポイントで調べることは難しい。捜査対象になっているなど表立った不正事案なら事情を聞けるが、その前の段階にある個別の融資案件に踏み込むと経営に関与するようなことになってしまう。歯がゆいところだ」（同）と奥歯に物が挟まったような物言いに終始した。

中川ファミリー企業が吸う不動産賃貸の甘い汁

実は、伊藤土木が、農協やその関係組織に賃貸している物件は、取材でわかっただけで五つもあった。

次頁の図を見てほしい。

たとえば、（1）は有価証券の運用に失敗し財務が悪化した旧福知山市農協（JA京都に吸収合併された）から〇二年に伊藤土木が買収した土地だ。現在の借り手は中川が経営管理委員（会社における取締役に相当）を務めるJA全農である。伊藤土木からすれば、長期的かつ安定的に家賃収入を得られる優良物件ということになる。

このおいしい不動産取引に味を占めたのか、一三年からは立て続けに大型物件を購入した。しかも中川が会長を務めるJAバンク京都信連が（3）（4）（5）の三つの物件それぞれに三億三〇〇〇万円の根抵当権を設定している。

（4）の物件購入時、JAバンク京都信連が二億円超を伊藤土木に融資したことを踏まえれば、（3）（5）の物件でも同様の融資があったのではないかと疑わざるを得ない。

以上のように、JAグループ京都の会長の地位は、乱用しようとすればいくらでも利益誘導に使えてしまう。

ファミリー企業を通じた地上げや、農協における労組潰しにみられる中川の行動からは、力の行使を抑制しようという「節制」が見受けられない。

むしろ、足の障害をだしに同級生にいじめられる弱者だった中川は、自らの才覚と努力によっ

京都農協界のドン、ファミリー企業の物件一覧

JAから金を借り、JA相手に土地を賃貸

物件	名称・住所	賃貸先	取得時期	抵当権の有無
(1) JA京都(旧福知山市農協)から購入、全農に貸すオフィスと倉庫	福知山農機センター 福知山市	JA全農	2002年3月	なし
(2) 京都国際マンガミュージアム向かいの雑居ビル	泰宏ビル 京都市中京区	JAグループ京都共通役員室 (JAバンク京都信連、JA全農京都、JA共済連京都、JA京都中央会)	02年12月	なし
(3) オフィスやJAグループ京都が入居する集合住宅	コーポクレスト 亀岡市	京都府農業信用基金協会※	13年10月	JAバンク京都信連3億3000万円
(4) JAグループ京都の組織ぐるみ「地上げ」の現場	旧・京都中央農協市場 京都市下京区	中小の卸売事業者ら、農協観光	14年11月	JAバンク京都信連3億3000万円 2億500万円の融資が判明
(5) 米卸の京山から購入、JAグループ京都の米卸に賃貸	京山の米出荷施設 京都市伏見区	京都食料 (JAグループ京都100%出資)	17年7月	JAバンク京都信連3億3000万円

※京都府農業信用基金協会は、JA京都中央会などが入居している京都JAビルの建て替えが完了したため、同ビルに転居した
＊不動産登記と関係者への取材を基にダイヤモンド編集部作成

て強者になったという自負があるだけに、弱肉強食の行動原理で動いているように見える。弱者がその立場に甘んじているのは実力と努力が足りないからであって、その彼ら彼女らに対して中川が「力」を行使することには何ら躊躇《ちゅうちょ》がないようなのだ。

中川の一番の弱みは、時として矩《のり》を踰《こ》えてしまう彼自身をいさめる本当の忠臣に恵まれていないことかもしれない。

4　フィクサーを取り巻く面々

中川泰宏に二七年以上にわたって牛耳られてきたＪＡグループ京都では、選挙で中川に貢献した職員が登用される異常な人事が行われてきた。農協幹部が代表などを兼ねる政治団体は、公職選挙法に抵触する疑いのある活動を行っているなど問題が多い。二〇二二年に七一歳になった中川は、自らの後任に子飼いの幹部を据えて院政を敷き、世襲を画策しているとみられる。本来、農家によって民主的に運営されるべき農協が、中川個人によって支配されている実態を明らかにする。

次頁の写真はＪＡグループ京都の実態をよく表している。写真に写っているのは、中川泰宏が会長を務めるＪＡ京都の八木支店の建物だ。驚くべきことに、掲示板だけではなく一〜二階に見える全てのガラス窓に、政治活動用のポスターがべたべたと張られている。

ポスターには、京都府知事の西脇隆俊と南丹市長の西村良平が引き締まった表情で登場し、新型コロナウイルス感染防止策の徹底を呼び掛けている。西脇は自民党や立憲民主党などの推薦を受けて二〇一八年の知事選で勝利した、固い支持基盤を持つ知事だ。

その知事が一自治体の首長にすぎない西村と写真に納まるのは異例のことなのだが、要するにこのポスターは、二二年四月の南丹市長選に向けて現職の西村の顔を売っておくためのものなのだ。西村のイメージアップに、人気者の府知事が一役買っているわけだ。

農協の政治運動としては、全国の五五一の農協を束ねるＪＡ全中の集票組織である全国農政連（全国農業者農政運動組織連盟）による活動が一般的だ。全国農政連は、農協や農業に有利な国レベルの政策を実現するために国政選挙で農林族議員を応援する。要請内容の是非はともかく、その政治活動自体は、圧力団体として当然の行動といえる。

一方で、ＪＡ京都ならびに、上部団体のＪＡ京都中央会による地方政治における選挙運動の目的は何なのか。農協や、その組合員である農家のためになっているのか——。それを取材すると、極めて異常な実態が明らかになった。

その実態とは、農協職員がプライベートの時間を犠牲にして選挙を手伝い、中川の政治力拡大への貢献が認められた人物のみが出世すると

中川が会長を務めるJA京都の八木支店。ガラス窓には、同支店がある南丹市の市長選挙に向けて現職の西村良平市長の知名度を上げることが目的とみられるポスターがべたべたと張られている

いうものだ。農協「私物化」以外のなにものでもない。

職員は土日に選挙応援、幹部は政治団体役員に

「選挙が中央会の一丁目一番地だ」。ＪＡ京都中央会関係者は組織の実態をこう語る。

本来、農協中央会の本業は、地域農協の経営の支援や、農業や農協への理解を広げるための広報活動なのだが、ＪＡ京都中央会に関しては事情が違うようだ。

下の内部資料を見てほしい。ＪＡ京都中央会のＪＡプリント課（印刷部門）の職員が、ＪＡグループ組織（ＪＡ全農京都府本部、ＪＡバンク京都信連、ＪＡ共済連京都）の次長らに対して選挙応援を指示した文書である。

このとき応援したのは一九年の京都府

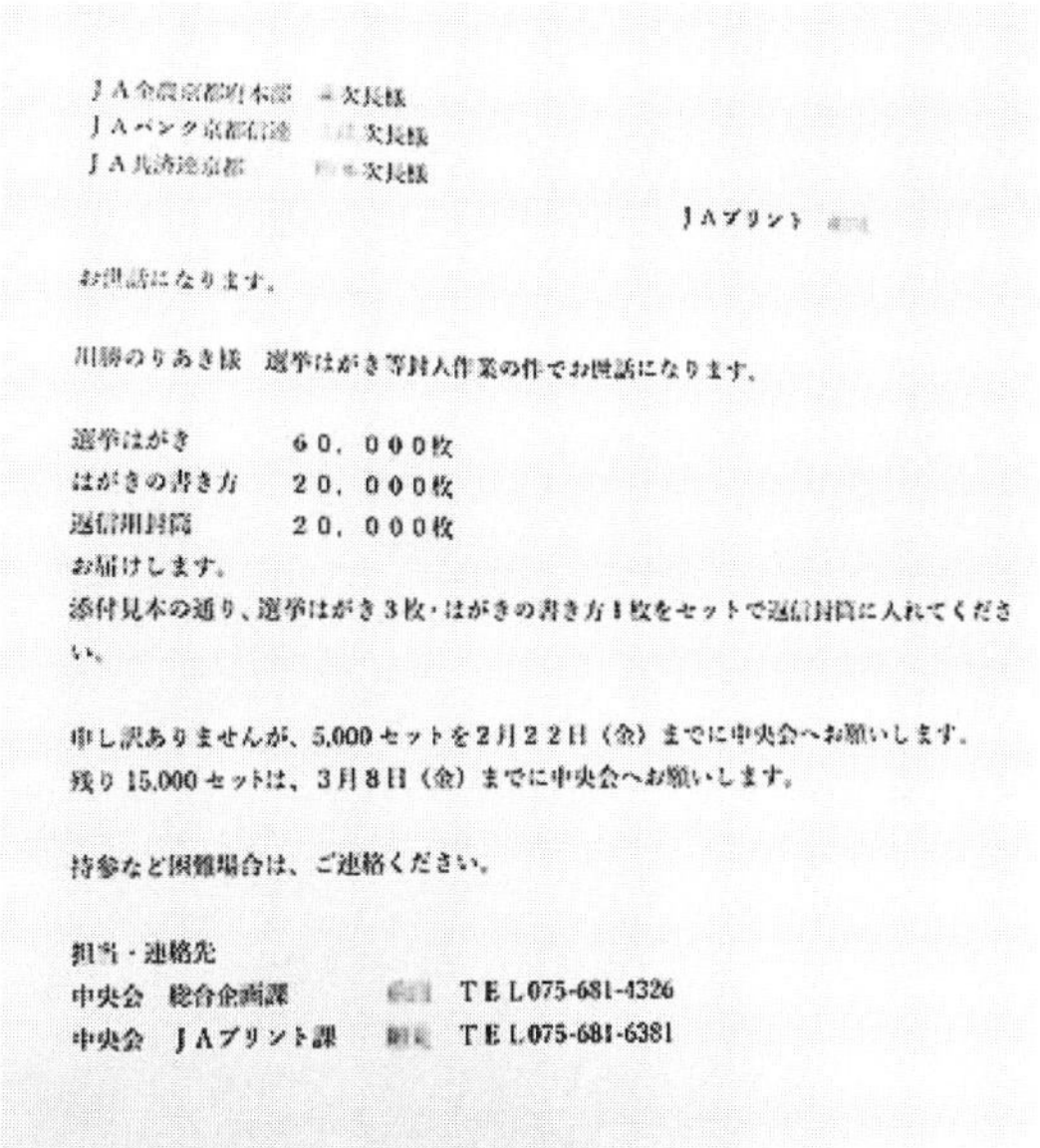

ＪＡ全農京都府本部　次長様
ＪＡバンク京都信連　次長様
ＪＡ共済連京都　次長様

ＪＡプリント

お世話になります。

川勝のりあき様　選挙はがき等封入作業の件でお世話になります。

選挙はがき　６０，０００枚
はがきの書き方　２０，０００枚
返信用封筒　２０，０００枚
お届けします。
添付見本の通り、選挙はがき３枚・はがきの書き方１枚をセットで返信封筒に入れてください。

申し訳ありませんが、5,000セットを２月２２日（金）までに中央会へお願いします。
残り15,000セットは、３月８日（金）までに中央会へお願いします。

持参など困難場合は、ご連絡ください。

担当・連絡先
中央会　総合企画課　ＴＥＬ075-681-4326
中央会　ＪＡプリント課　ＴＥＬ075-681-6381

2019年に行われた京都府議会議員選挙に出馬した元八木町農協職員の選挙応援を、JA京都中央会がJAグループ京都の各組織に指示する文書

議会議員選挙に立候補した元八木町農協職員で、南丹市議会議員を務めた川勝儀昭だ。相手は〇七年に野中広務の支持を受けて府議会議員になった現職だった。

JAグループ京都関係者は応援するよう指示された候補者について「元農協職員というだけで、(南丹市議会議員当時から)農協や農業のために働いてもらった記憶はない。職員は中川の影響力の拡大のために利用されたとしか思えない」と不満を漏らす。

JAグループ京都は、選挙応援を行う職員のシフト表まで作成していた。シフト表には、「本件ボランティア活動につき、有休届提出のこと!」などという〝命令〟が記されている。

上記文書が指示する作業の内容は、選挙ハガキ(有権者から知人に送付してもらい、川勝候補への投票を促してもらうためのハガキ)と、そのハガキの書き方の説明文書を封筒に入れるというものだった。職員の「ボランティア」による選挙応援は文書の封入にとどまらず、有権者への電話やポスター張りなど多岐にわたるという。

筆者はJA京都中央会に事実関係を確認したが、広報担当者は回答を拒否した。

上記文書の発信者だった職員は「選挙応援を指示したことはない」と回答。同職員に文書の作成名義について聞くと、文書を作成したことまでは認めた。その上で、「任意団体としてやったことで中央会職員としての文書作成ではなかった」とも付け加えた。

筆者が発信名にJA京都中央会の部署名が記載されているのに「任意団体としてやった」というのはおかしいのではないかと指摘したが、明確な回答は得られなかった。

ちなみに、この文書の発信者は中川と同じ旧八木町(現南丹市)出身者で、中川の腹心の一人

JAグループ京都幹部が就く政治組織の役職

幹部職員の多くが中川関連の政治団体の役員に

中川ファミリー	JAの役職	政治関連の役職など※
JAグループ京都会長 中川泰宏	JA京都中央会会長 JAバンク京都信連会長 JA全農京都会長 JA共済連京都会長 JA京都会長 JA共済連経営管理委員会副会長 JA全農経営管理委員	元衆院議員 西村良平南丹市長の後見人 太田昇京丹波町長の後見人 中川やすひろ後援会の後継組織である泰山会会長 政治団体「京都中部地域政治経済研究所」代表
長男 中川泰臣	JA京都中央会などの顧問弁護士	南丹市の顧問弁護士 将来的には国政進出か？
次男 中川泰國	父が会長を務める JA京都の常務理事	地上げなどを行う 伊藤土木の社長 泰宏農場生産組合取締役 泰宏観光取締役
JA京都中央会		
"ミニ中川"と恐れられる 牧 克昌	JA京都中央会の次期会長か JA京都中央会代表理事専務 JAバンク京都信連副会長 JA全農京都副会長 JA共済連京都副会長	京都府農協政治連盟代表 泰山会会計責任者
泰宏、牧の右腕 村上友一	JA京都中央会参事 父と泰宏が親密なこともあり、 若くして幹部に抜てきされた。 牧以上に泰宏の寵愛を受けている	京都府農協政治連盟事務 中川やすひろ後援会会計責任者 中川やすひろ南丹市後援会事務 元気な南丹市を取り戻す会会計責任者 西村良平後援会会計責任者 全国農林漁業振興研究会会計責任者
JAバンク京都信連		
泰宏をいじめから守った 杣田勇市	JAバンク京都信連元理事長 JA京都電算センター取締役	中学校校長だったが、泰宏に担がれて 南丹市長選に出馬し、落選 泰山会代表
表も裏も知る能吏 大槻正昭	JAバンク京都信連元専務 JAグループ京都元共通役員室長	泰山会事務 中川やすひろ後援会事務 政治団体「JA京都府連OB連絡会」会計責任者 京都中部地域政治経済研究所事務 おおたのぼる後援会事務
JA全農京都		
10年以上府本部長を続投 宅間敏廣	JA全農京都府本部長	泰山会事務
選挙の現場リーダー 山田 保	JA全農京都前副本部長 JA全農しが県本部長	旧園部町（現南丹市）出身で、泰宏の支援で 選挙への出馬が模索されたことも
JA共済連京都		
泰宏の支援受け町長に 太田 昇	JA共済連京都 元副本部長	前京丹波町長

牧、村上を経て、泰國に世襲させようともくろんでいるとみられる

※京都府選挙管理委員会公表の政治団体収支報告書（2017〜19年分）や法人登記、本人の名刺などで確認できた役職。現在も当該役職に就いているかは不明

である。発信者の父は中川の前任の八木町長で、病気を理由に任期途中で町長を辞任したが、その後病気が〝回復〟。退任後も中川との関係が良好だったため、「町長の座を譲り、中川に恩を売った人」（地元関係者）とみられていた。そうした経緯もあってか、発信者は四〇歳を過ぎてからＪＡ京都中央会に中途採用で入会し、異例のスピード昇進を果たしている。

実は、発信者にはＪＡ京都中央会の印刷部門長という表の肩書の他に、裏の顔があった。裏の顔とは、南丹市長の西村に関わる政治団体「元気な南丹市を取り戻す会」の代表である。同会の会計責任者はＪＡ京都中央会参事の村上友一、事務担当は西村自身だ。発信者は職員を選挙に動員したり、政治団体代表として活動したりといった中川の政治活動に関する「特別任務」を帯びていたのだ。

こうした裏の顔を持つＪＡグループ幹部は発信者だけではない。前頁の図を見てほしい。ＪＡグループ京都幹部が、選挙の候補者あるいは参謀役として活動していることがわかる。

この図から見て取れるのはそれだけではない。中川に選挙で貢献した人物が露骨に登用され、将来を約束されているのだ。

選挙活動の司令塔であるＪＡ京都中央会から見ていこう。

忠臣の代表といえるのが、〇七年からＪＡ京都中央会常務理事、一一年から専務理事として中川を支えてきた牧克昌だ。

現在、代表理事専務を務める牧はＪＡグループ京都において中川に次ぐ権力者であり、目下の人間に絶対服従を求める点で中川と似ているため、〝ミニ中川〟として恐れられている。政治団体でも「京都府農協政治連盟」の代表、「中川やすひろ後援会」の後継組織「泰山会」の会計責任者という重要ポストを任されている。

牧が他の幹部と違うのは、ＪＡ全農の職員である息子も、運転手や身の回りを世話する秘書役などとして中川に仕えていることだ。家族ぐるみで中川に尽くす忠臣中の忠臣なのである。

ＪＡ京都中央会の事実上のナンバー3と目されるのが前出の村上だ。村上は中川と同郷（旧八木町出身）で、父親が中川と親しかったこともあって寵愛を受けている。四〇代前半で部長、四〇代半ばで参事という異例のスピード出世を果たしたのも、中川の鶴の一声があってこそだとみられている。その抜てき人事とセットで付いてきているのが、六つの政治団体の役職だ。

ＪＡグループ京都では、中川の出身地で政治運動の中心地となっている旧八木町出身者が優遇される傾向にあるが、その最たるものが、ＪＡバンク京都信連の理事長を務めた杣田勇市だ。

杣田は中学校校長を務めた教育者だったが、一〇年に中川に担がれ南丹市長選挙に出馬。野中の元秘書にあえなく敗れた。杣田は中川の小学校時代からの同級生で、学校でいじめられていた中川をかばった。中川がそれに恩義を感じていることもあって、落選した杣田をＪＡバンク京都信連の理事長として迎えた。

ＪＡグループ内では「小学校時代に中川をかばった杣田は確かに人格者かもしれない。しかし、一兆円超のお金を預かる金融機関のトップが門外漢の『教員出身者』でいいのか」という声があったが、中川は情実人事を強行した。

ある中川の元側近によれば「杣田は（市長選挙で落選した後）ＪＡバンク京都信連の理事長就

任を持ち掛けられ『何で俺がやるの？　眠れへん』などと悩んでいた」という。だが、結局は金融機関のトップに就いたばかりか、理事長退任後も関連会社の取締役に納まっている。権力の蜜の味を知ってしまい、それを手放せなくなっているのかもしれない。

ＪＡバンク京都信連から、中川の活動を支える裏方として重用されたのが元専務の大槻正昭だ。大槻は中川が国会議員だった頃にＪＡグループ京都共通役員室（ＪＡ京都中央会、ＪＡバンク京都信連などを機動的に動かすために設置された組織）の室長として、陰に陽に中川をバックアップしてきた。歴任した政治団体の役職が五つと多いことも中川からの信頼の厚さを物語っている。

なお、前述の中川のファミリー企業による地上げで、対象となった土地の購入にＪＡバンク京都信連が二億円超を融資した際の理事長と専務が、杣田と大槻だ。

ＪＡ全農京都も、本部長と副本部長のツートップが政治方面で活躍している。副本部長の山田保（後に、ＪＡ全農しが県本部長に昇進）は旧園部町（現南丹市）出身で、ＪＡグループ京都の選挙参謀といえる存在。自身の立候補が模索されたこともあったほど中川から評価されている。

最後に、ＪＡ共済連京都の元副本部長である太田昇は、一七年に地元の京丹波町長選挙に中川の支援を受け立候補し当選した人物だ。

中川にモノ申せる人物は排除

中川による「私的な目的のための職員動員」は選挙だけではない。

彼は毎年、自分の誕生日パーティーを自宅で開いてきたが、そこで受付をしたり、肉を焼いたりするのはＪＡグループ京都の職員なのである。

一八年のパーティーに参加した京都市議会議員のツイッターによれば、参加者は何と八〇〇人。パーティーでは、中川が支援する南丹市長の西村と京丹波町長（当時）の太田が首長選挙で勝利したことが参加者に報告されるなど政治色の強いイベントになっている。

このような農協組織の私物化に対して、モノ申せる幹部もかつてはいた。ＪＡ京都中央会の牧の前任の専務、十川洋美だ。前出のＪＡ京都中央会関係者によれば「十川はＪＡ京都中央会の理事会で唯一中川に意見できる幹部だったが、煙たがられてＪＡ京都やましろ（地域農協）の組合長に追いやられた。十川の後任の専務にイエスマンの牧が就いたことで、中川の独裁体制が完成した」のだという。

現在、ＪＡ京都中央会の中枢を占めている中川、牧、村上のラインは「上からの指示には絶対服従」という原理で動き、鉄の結束を誇る。ＪＡ京都中央会という組織全体も上意下達の組織文化となっており、幹部への出世を望むなら選挙活動などへの貢献が欠かせない。

このような職場風土に耐えられず辞める若手職員は少なくない。「金融の仕事をしたくてＪＡバンク京都信連に入った職員が、中川の駒として働くことを強いられる。耐えかねて休職した例もあった」（ＪＡグループ京都関係者）。当然、ＪＡ京都中央会も離職や休職が絶えないが、同会はＪＡバンク京都信連などの他の連合会から優秀な人材を一本釣りする力がある。

鉄の結束に綻びも

中川一強の独裁体制下で働くＪＡグループ京都職員に衝撃を与える二つの人事が一九年に相次いだ。

その一つが、ＪＡ京都中央会の牧が、ＪＡバンク京都信連、ＪＡ全農京都、ＪＡ共済連京都という主要三団体の副会長ポストに就いたことだ。これらの副会長ポストには、農家の代表である農協組合長が就任するのが一般的だ。そのポストに事務方出身の牧が就くのは異例なだけに、「中川が側近の牧を副会長に据えたのは、自分の後継者にするというメッセージではないか」という臆測を呼んだ。

もう一つの人事が、中川の次男の中川泰國がＪＡ京都の常勤監事から常務理事に抜てきされたことである。

この二つの人事で、「仮に中川会長が退任しても、牧がリリーフ的に後を継ぐ。村上もその後のリリーフに入るかもしれないが、いずれにしても、最終的には泰國による世襲が行われようとしていることが確定的になった」（ＪＡグループ京都関係者）とみられている。

しかも、中川は最近、役員の定年制に否定的な認識を示しており（詳細は第三章の1参照）、本人がいつまで会長を続投するのかもわからない。

ただし、これまで書いてきたことは近年の人事から推察できる人事構想であって、後継者と目される泰國本人の意向は不明だ。前出の中川の元側近によれば「泰國は熱帯魚を飼うのが趣味で、どちらかというとおとなしいタイプ。ＪＡの経営をやりたいようには見えない」という。

また、二二年に七一歳になった中川が会長退任後、院政を敷いた場合に、いつまで影響力を維持できるかは不透明だ。「中川からバトンを受ける牧までは安泰だとしても、その後の村上の時代まで中川派の支配が続くかどうかはわからない」（ＪＡ京都中央会関係者）。

そうした見方が徐々に強まっているのだろう。鉄の結束を保てているのは村上までで、その下の世代は、比較的冷めた目で幹部らを見ているという。

しかし、若手の職員がＪＡグループ京都を見限りつつあることと、中川ら主流派が、非主流派に取って代わられる可能性があるかどうかはまったく別の話だ。

本来、農協は組合員である農家から民主的な方法で代表を選出する組織だ。しかし、ＪＡグループ京都においては、中川やその周辺が不当労働行為を働いたり（詳細は第三章の2参照）、地上げをしたりしたことが明らかになっても組織内で問題視されず、中川は無風で会長として再選を果たしてきた。

組織内の野党勢力は事実上、根絶やしにされているのである。中川引退後、ＪＡグループ京都において健全な〝政権交代〟を実現させるのは至難の業だろう。

誕生日パーティーに代わる花火大会で違法「選挙活動」の疑い

中川は毎年九月一九日の誕生日に自宅で盛大なパーティーを開いてきたが、新型コロナウイルス感染拡大のため、二〇年はやむなくパーティーは休止となった。代わりに二〇、二一年に催されたのが「中川やすひろ前衆議院議員Birthday花火大会」なるイベントだ。

案内ハガキ(左頁写真)によれば、主催は中川が会長を務める政治団体「泰山会」である。泰山会の収支報告書によれば、同会の代表は前出の杣田(JAバンク京都信連元理事長)、会計責任者は牧(JA京都中央会代表理事専務)、事務担当者は大槻(JAバンク京都信連元専務)が務める(二〇年一二月現在)。

花火大会に農協職員がどの程度動員されているかは不明だが、少なくとも来場者の駐車場としてJA京都酪農センターの敷地が使用されている。

案内ハガキには、「泰山会では、京丹波町長選挙に向けて、現職の太田昇町長を推薦することといたしました。会員各位のご支援をいただきますようよろしくお願いします」と目立つように記載されている。

「案内はがきをSNS等へは、投稿しないでください」との注意書きもある。ハガキが公になるとまずい事情でもあるのだろうか。

京丹波町長選挙の告示日は二一年一一月九日――。公職選挙法で「選挙運動」を行うことを認められているのは告示日から投票日の前日までだ。つまり、ハガキにある「選挙支援要請」は公職選挙法に抵触している疑いがあるのだ。

公選法上の選挙運動の定義を総務省自治行政局選挙課に聞くと、「判例・実例によれば、『特定の選挙で、特定の候補者の当選を目的として、投票を得、または得させるために直接または間接に必要かつ有利な行為』だが、個別のケースが選挙活動に当たるかどうかは警察が判断することだ」との見解だった。

案内ハガキの「町長選挙の支援要請」が選挙活動に当たるかどうかは置

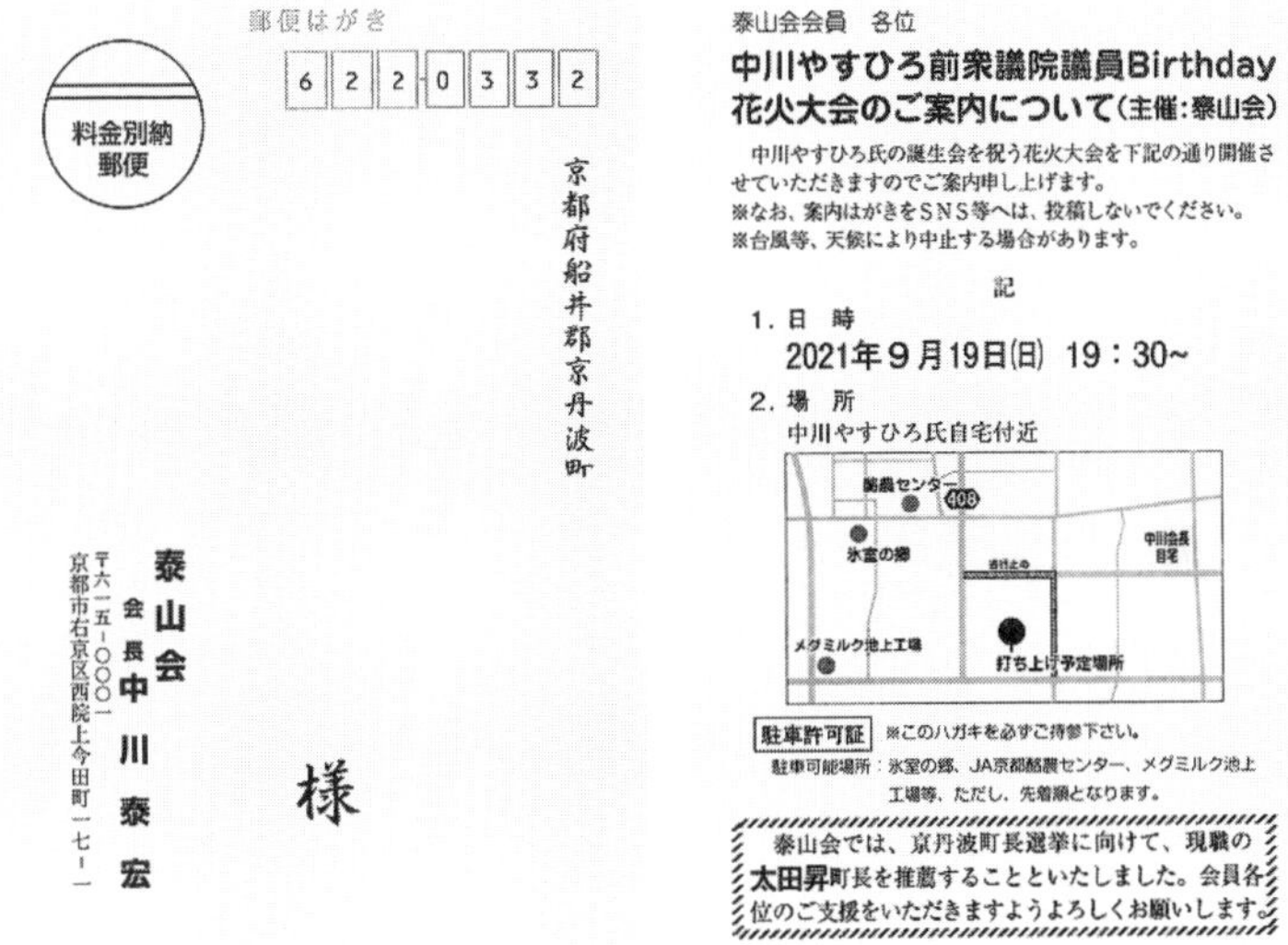

郵便はがき

622-0332

料金別納
郵便

京都府船井郡京丹波町

様

泰山会
会長 中川泰宏
〒六一五-〇〇〇一
京都市右京区西院上今田町一七-一

泰山会会員　各位

中川やすひろ前衆議院議員Birthday 花火大会のご案内について（主催：泰山会）

中川やすひろ氏の誕生会を祝う花火大会を下記の通り開催させていただきますのでご案内申し上げます。
※なお、案内はがきをSNS等へは、投稿しないでください。
※台風等、天候により中止する場合があります。

記

1. 日　時
2021年９月19日(日)　19：30~

2. 場　所
中川やすひろ氏自宅付近

駐車許可証　※このハガキを必ずご持参下さい。
駐車可能場所：氷室の郷、JA京都酪農センター、メグミルク池上工場等、ただし、先着順となります。

泰山会では、京丹波町長選挙に向けて、現職の**太田昇**町長を推薦することといたしました。会員各位のご支援をいただきますようよろしくお願いします。

中川が会長を務める政治団体「泰山会」が、
会員や南丹市の有力者らに送付した花火大会の案内ハガキ

いておくとして、中川があらゆる機会を通じて太田を当選させたいと考えていたのはたしかだろう。「京都のフィクサー」である中川は、京丹波町長選挙を「負けられない戦い」と見ていたのである。

5　強引な「農家数水増し」で孤立を深める

中川泰宏が会長を務めるＪＡ京都は、農業者ではない地域住民を農協の経営に関与する正組合員（議決権を持つ出資者）にしてしまう「農家数の水増し」を行っている。この行為は農協の存在意義を自ら否定する重大な問題であり、農協が農業者による協同組合ではなくなっている実態を浮き彫りにした。

ＪＡ京都は二〇一八年一〇月、正組合員になる要件としていた「耕作面積一〇アール以上」や「農業従事日数五〇日以上」を撤廃し、組合員増員運動を始めた。耕作面積と農業従事日数の両方の要件を撤廃するのは全国の農協で初だった。

その後、ＪＡ京都は一年余りで一般企業の株主総会に当たる総代会の議決権を持つ正組合員を一・八万人も増やした。農業協同組合法では、農協の正組合員は「農業者」と規定している。一つの農協で一・八万人もの農業者が出資金を払って新たに正組合員になることなどあり得ない。

筆者はこれを「農家数の水増し」であるとした検証記事『進次郎肝いり農協改革に反旗、ＪＡ京都「農家数水増し」の呆れた実態』を一九年一二月九日に公表した。するとＪＡグループ京都は同月一八日に、当該記事の一文ごとに物言いを付けるという斬新な手法の反論文をホームページに掲載した。

反論の対象となった筆者の記事は「農業振興に力を入れる農協改革に水を差すだけでなく、ＪＡ（農業協同組合）の存在意義を否定する〝暴挙〟だ」という、中川に批判的な農協関係者のコメントで始まる。

これがよほど腹に据えかねたのか、記事への反論文は正組合員の要件撤廃について「時代に合わせた定款変更の取り組みを行ったところであり、ＪＡの存在意義を否定するものではない。むしろ（これを批判する記事は）、ＪＡの存在意義を理解していない記者の〝暴挙〟である」と抗弁していた。

しかし、筆者はいまでもＪＡ京都の「農家数の水増し」は農協の存在意義の否定にほかならないと考えている。中川が主張するように農協を時代の変化に対応させようとするならば、正組合員の要件をなし崩し的に緩和するという小手先の対応ではなく、農協組織のあり方を抜本的に見直す必要がある。なぜなら農協は、農家がつくる協同組合だからこそ、税制で優遇されたり、信用事業（銀行業務）とその他の事業（農家への肥料の販売など）との兼業を認められたりといった特権を与えられているからだ。

これから、ＪＡグループ京都側の主張に統計的な裏付けをもって反証するとともに、農協がすでに農業者による協同組合ではなくなっている実態を暴くことにする。

「自家菜園」と「余暇農業」を楽しむ人を「職業農家」と言えるのか

前述の通り、農協法では、農協の正組合員の資格要件を農業者と規定している。では、ＪＡ京都はどのように正組合員が農業者であることを担保しているのか――。

実は、農業に関わる活動（農業用水の溝の清掃や草刈り、市民農園、家庭菜園での栽培、農業塾での農業体験など）に幾つ従事したかを対象者から聞き取り、活動ごとのポイントを加点して一定の点数を上回れば農業者として扱うという〝とんでもルール〟を編み出し、運用しているのだ。

ＪＡ京都の職員は、農業体験の有無などを聞き取るためのチェックシートを片手に地域住民宅を訪問し、准組合員（議決権を持たない組合

ＪＡ京都の組合員の構成比の変化

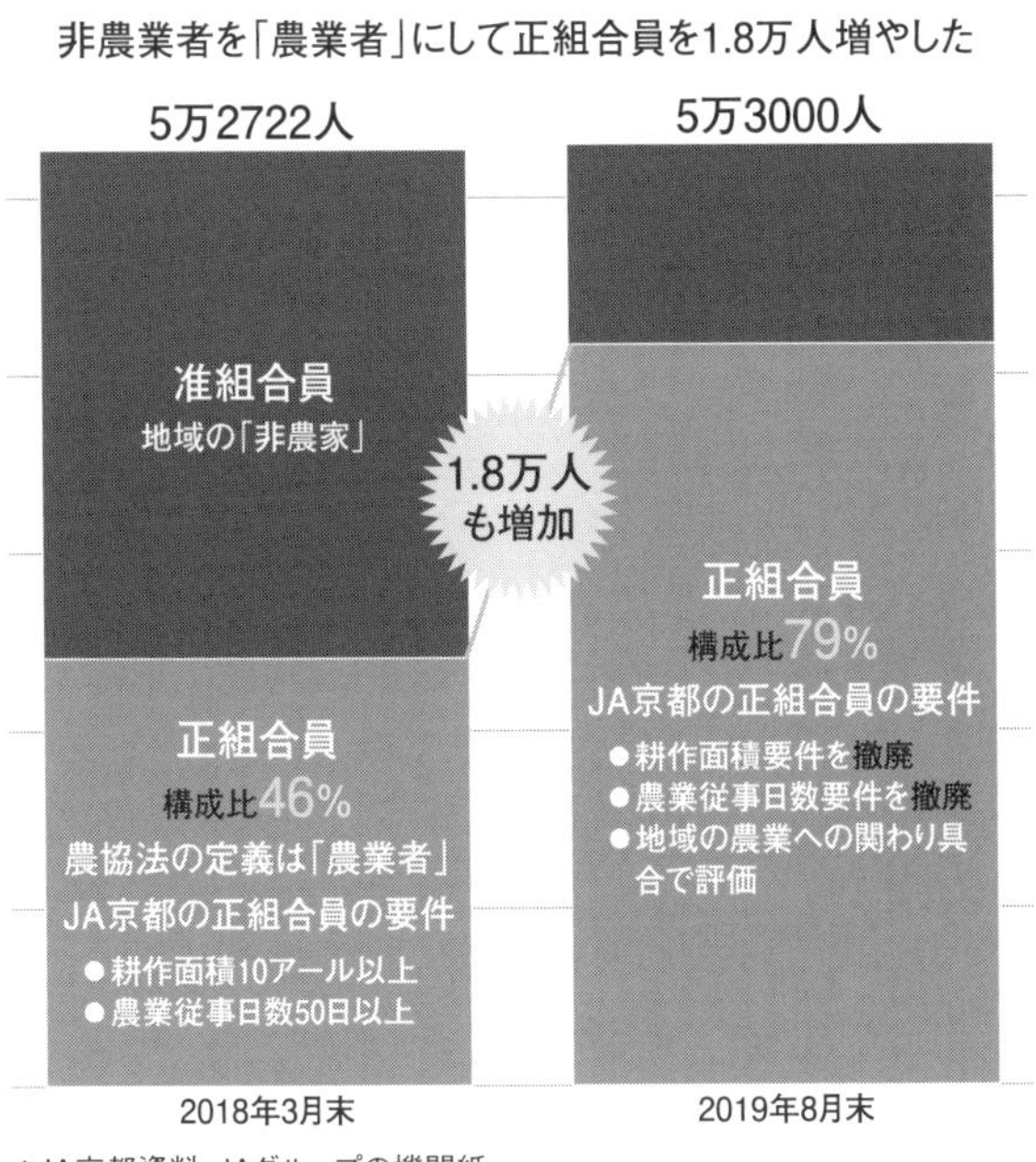

＊JA京都資料、JAグループの機関紙『日本農業新聞』記事を基にダイヤモンド編集部作成

員）を正組合員に昇格させるための営業活動を展開した（ＪＡ京都は正組合員と准組合員という呼称もなくし、農家・非農家にかかわらず「組合員」と呼ぶことにしているが、この記事では便宜上、議決権を持つ組合員を正組合員、議決権を持たない組合員を准組合員と表記する）。その成果が、一年余りで一・八万人の正組合員増加なのである。

ＪＡグループ全国組織関係者は「ＪＡ京都が正組合員の要件を撤廃したのは、農協改革を進める政府が、准組合員の農協事業利用を規制する可能性を示唆していたときだ。実は、（全国の農協を束ねる政治組織である）ＪＡ全中が自民党の二階俊博幹事長（当時）と話をつけ、准組合員規制はすでに回避できていたのだが、中川は農協自らが組合員制度を変えるというスタンドプレーに走った。他の都道府県からは、『要らんことをしてやぶ蛇になるのでは』と冷めた目で見られていた」と明かす。

しかも、「農家数の水増し」は従来の農水省の法解釈を逸脱している可能性が極めて高いものだった。

農協法が農協の正組合員の要件としている農業者の定義について、農水省の協同組織課で農協法の法解釈を行った経験のある職員らが執筆した『逐条解説　農業協同組合法』（一七年発行）も、農林法規研究委員会が編集した『農林法規解説全集』（〇六年発行）も、「営利の目的をもって継続的かつ反復的に農業を行う者」と「自分の業として農業に従事する農家の世帯員や労働者など」であって、「自家菜園のために農業を行う者」や「余暇をみて数日間農耕に従事する者」は該当しないと明記している。

ＪＡグループ京都は反論文の中で、『逐条解説農業協同組合法』の法解釈について「（同書は）農水省が執筆したものではない。（中略）農水省の公式な見解ではない」という一言で切り捨てているが、農水省の複数の事務官が実名で執筆した書籍の意義は、そんなに軽いものではないだろう。

筆者は、農協法の「農業者」の法解釈についての堂々巡りの議論に終止符を打つべく、農水省に公式見解を求めた。

農水省協同組織課によれば、農業者には二つのパターンがある。（１）自ら農業を営む個人＝営利の目的を持って継続的かつ反復的に業として、耕作、養畜などを行う者と、（２）農業に従事する個人＝一般的に農業労働者である。

（２）については、長期でボランティアとして農業に従事する場合もあるので必ずしも営利の目的を求めない。だが、農協法で農業は耕作などの「業務」だ。業務とは、「職業その他の社会生活上の地位に基づき、社会通念上、相当と認められる期間、継続的に自分の業として従事するものだ」（同課）という。

農水省は、自家菜園や余暇に行う農業をする人を、農協法上の農業者として認めるかについては明言を避けた。だが、（１）（２）の公式見解を踏まえれば、ＪＡ京都が「農家数の水増し」のために使ったチェックシートに、市民農園、家庭菜園での栽培、農業塾での農業体験といった項目があること自体がナンセンスだと考えざるを得ない。

農協は、農業者が農業振興のためにつくる職能組合であるという建前があるからこそ、金融と肥料の販売などその他事業との兼業といった特例を認められている。家庭菜園や農業体験を否定するわけではないが、そういった趣味的な農家まで農協法上の農業者として扱うのは無理がある。

ここからは、「農家数の水増し」を統計で検証していく。

農協の正組合員の耕作面積要件と農業従事日数要件の撤廃を認めた京都府は「府内の農協では、（一〇アール以上という耕作面積要件があったために正組合員になれなかった）小規模農業者や農業者の家族、農業法人で作業に従事している者が、新たに議決権を持つ正組合員になったようだ。新しい組合員の資格についてはＪＡでチェックしていると聞いている。（新たに正組合員になった人物が）いずれにしても、農業者に該当するかどうかがポイントになる」（農林水産部）との認識を示している。

では、ＪＡ京都の管内に「小規模農業者」や「農業者の家族」「農業法人における作業従事者」は何人いるのか――。農水省と地方自治体が五年ごとに実施している農林業センサスで、ＪＡ京都がある京都市右京区、福知山市、宮津市、亀岡市、京丹後市、南丹市、京丹波町、伊根町、与謝野町（一区五市三町）の農業関係者の数を調べてみた。

まず、二〇年センサス（一一二万の調査票を自治体が配付し、九八パーセントの有効回答を回収した）で、一区五市三町の基幹的農業従事者（農家の世帯員のうち、普段仕事として主に自営農業に従事した人）は七八八六人しかいなかった。この他に農家の世帯員で農業以外が主な仕事であるものの農業もした人は八九八五人いた。ただし、この八九八五人が農業を仕事として行ったかどうかは自己申告であり、従事日数の基準もないので、たとえば年間一日しか農業に従事していなくてもカウントされる。そのため、「継続的かつ反復的に農業を行う者」かどうかは大いに疑問がある。農業労働者は常雇いが五三七人だった。手伝いを含む臨時雇いは四一〇三人いたが、これも「継続的に自分の業として農業に従事する者」の定義に合致するかは疑問だ。

一五年センサスの一区五市三町の基幹的農業従事者は八七〇六人だった。農家の世帯員で農業以外が主な仕事ではあるものの農業もした人は一万二八二八人だった。農業労働者は常雇い七一二人、臨時雇い六一三二人だった。

センサスの項目と農協法上の「農業者」ではその定義が一致しないので厳密な比較はできないものの、統計情報からは、JA京都で正組合員になり得る「小規模農業者」や「農業者の家族」「農業法人における作業従事者」の人数は二〇年センサスでは八四二三人、一五年センサスでは九四一八人しかいなかった（いずれも基幹的農業従事者と常雇い労働者の合計）。

JAグループ京都の主張をくんで、農家の世帯員で農業以外が主な仕事ではあるものの農業もした人を上記の人数に加えたとしても、二〇年センサスでは一万七四〇八人、一五年センサスでは二万二二四六人だった。後者の人数はJA京都が一年余りで増やした正組合員数一・八万人を上回るが、基幹的農業従事者は、JA京都が「農家数の水増し」を行う前から正組合員だった可能性が高い人たちなので、差し引いて考える必要がある。

これらの統計データから推察できるのは、新たに正組合員になった一・八万人には、正真正銘の農業者もいただろうが、非農業者が相当数含まれていただろうということだ。

農協のタブーを白日の下にさらした

ＪＡ京都の「農家数の水増し」は、新規の正組合員が農業者なのかという問題だけでなく、そもそも従来の正組合員が本当に農業をしていたのか――という疑惑も惹起《じゃっき》することになった。

というのも、ＪＡ京都が公表している正組合員四万一七一一人（一九年八月末現在）には、農業従事者としての就業実態が乏しい者が含まれているとみられるからだ。前述の統計データによれば生業《なりわい》として農業を行っている農業者は、厳しい基準で見ても八四二三～九四一八人、緩めの基準で見ても一万七四〇八～二万二二四六人しかいないことになる。

この疑惑を裏付ける数字をＪＡ京都自身が公表している。通常、農業者が農協を利用する場合、農協の「生産部会」という組織に入るのだが、ＪＡ京都の生産部会員は延べ四六一二人にすぎないのである（生産者部会三一七二人、農畜産物直売所連絡協議会一三七九人、青壮年農業経営者クラブ六一人の合計。二二年三月末現在）。

これは農協を通じて農産物を販売したり生産資材を調達したりする農業者が、正組合員の一割程度しかいないことを物語っている。こういった状況に至った理由を中川は端的に明らかにしている。それは、「正組合員であっても農地を貸して農業をしていない方もいる」（『京都新聞』二〇年三月二五日付、ＪＡグループ京都の新聞広告）からなのだ。

高齢の農業者が引退して、その子が農業を継がない場合、農業者は農地を貸し出して農業をやらなくなる。これを、「土地持ち非農家」というが、農協の正組合員が土地持ち非農家になっても、農協は正組合員から除名しないことが多い。そのため、「農業をしない正組合員」は増える一方だ。

実際に、農協全体の正組合員のうち、本物の農家はどの程度の比率を占めるのか。これはJAグループにとって最大のタブーであるため明らかになっていないが、JA全中が一八年一二月〜一九年一二月に行った組合員調査では、回答した正組合員二〇九万人に対して、プロ農家として行政からお墨付きを得た認定農業者はその一五・二パーセントにとどまった。

一部の正直な農協は、より詳細な情報を公開している。

たとえば、石川県能美市などを管内に持つJA能美では、四三一二人の組合員（正組合員五四パーセント、准組合員四五パーセント、不明一パーセント）のうち、農畜産物の年間販売額がゼロの組合員が八〇パーセントに上り、販売額一〇〇〇万円以上の組合員はわずか二パーセントしかいなかった（一八〜一九年にJA能美が行った組合員アンケートの結果）。

「土地持ち非農家」の増加で、農協の正組合員の多くが農業を引退した非農業者で占められている問題に対して、多くの農協が正組合員の要件を緩和する対症療法で取り繕ってきた。

正組合員の資格でとりわけ重要なのは耕作面積要件だ（農業従事日数の要件は検証のしようがなく、要件として機能しづらいため）。実は、農協は正組合員の耕作面積要件を猛スピードで緩和している。

農水省の総合農協統計表によれば、一五年度は「一〇アール以上」の耕作面積要件を設けていたのは全農協の七〇・七パーセントだったが、二〇年にはそれが五九・一パーセントに低下している。耕作面積要件自体を設けていない農協は全体の一五パーセント超に上っているとみられる。

中川はそうした農協の現実を踏まえて、正組合員の要件撤廃などによる「農家数の水増し」を行ったというわけだ。JA京都の思い切った脱・農協化の動きについて、中川は「JAグループ史上初の試みは他府県のJAの注目を集め、視察や問い合わせが相次いでいる」（同新聞広告）とコメントしている。前出の反論文によれば、一九年一二月一八日までに「二〇県を超える農協中央会・農協が調査に来ており、今後、他府県においても順次導入が進められていくと思われる」という。

ところが、である。正組合員の要件撤廃などによる「農家数の水増し」は全国に広まるどころか、京都府内の農協も及び腰だ。たしかにJA京都以外の府内の農協も、JA京都に続いて正組合員の耕作面積・農業従事日数要件については撤廃した。

だが、さすがに「農家数の水増し」を実施すれば、農協の存在意義を否定することになり後戻りできなくなると考えたのだろう。正組合員はさほど増やしていないのだ。

府内の五つの農協の正組合員数は計七万九一三四人（二一年三月末現在）で、正組合員の要件撤廃前の五年前から二万二一四一人増えている。このうちJA京都が一九年八月末までに一・八万人増やしているので、正組合員の増員のほとんどがJA京都とみてよく、残りの農協（JA京都市、ＪＡ京都中央、ＪＡ京都やましろ、ＪＡ京都にのくに）はかたちだけ中川の方針に合わせたものの、「農家数の水増し」には手を染めていないと考えられる。

中川は正組合員の要件撤廃と「農家数の水増し」を断行したが、京都府の農協は面従腹背、「他の都道府県の農協には追従するところが見られない」（農水省協同組織課）という孤立状態にある。

それだけではない。中川による「農家数の水増し」は、土地持ち非農家が急増している問題や、プロの農業者が正組合員の一割程度しかいない農協が少なからずあるというＪＡグループの最大のタブーを白日の下にさらすことになった。

農協は政府から農業振興の機能を強化する改革を求められているが、出資者の大部分はすでにプロの農業者ではない。この矛盾を解決するには、農業振興を専門とする組織を農協とは別に立ち上げるといった構造改革が必要になる。

しかし、その改革を実行すると、農協から農業振興の建前が分離されることになり、信用事業とその他の事業の兼業といった既得権を剝奪される可能性が高い。よほどの強いリーダーシップがなければできない大改革になるということだ。中川は持ち前の実行力で、本来はそうした抜本的な改革をやるべきだったのである。

6 スキャンダルを探して天敵・農水次官解任を画策

中川泰宏は、政府による農協改革に真っ向から反対し、改革を主導した自民党農林部会長の小泉進次郎や農水省事務次官の奥原正明（いずれも当時）と対峙した。中川らJAグループ京都幹部が農協改革を骨抜きにしようとするだけでなく、奥原の解任まで画策していた事実を明かす。

二〇一四年のJA全中の解体決定から始まった政府の農協改革において、中川はJAグループの守旧派のボスとして小泉や奥原（一六年までは同省経営局長）と正面からぶつかった。

中川は小泉の父、純一郎から一本釣りされて衆議院議員になった「小泉チルドレン」だったこともあり、息子の進次郎には多少の配慮が見られたが、奥原に対しては容赦がなかった。

たとえば、小泉が自民党農林部会長として一六年一〇月、大阪市で農協関係者らとの意見交換会を開いた際、中川は会場（JA大阪センタービル）の最前列、小泉の目前に陣取り奥原への批判を展開した。

「農協の指導しかしたことのない（奥原）事務次官は、農協からしか農業を見ていない。彼が、皆さん（自民党を代表して説明会に出席した小泉や元農相の西川公也ら）に教えていることは間違っている。（中略）まったく農業を知らない、農協を通じて（改革を）やる人だけに（農業政策の立案を）頼らないでほしい。このままではこの国がつぶれる。農協からしか（農業を）見たことがない人が、農協やJA全農をつぶしますなどと脅して頑張っている。農水省のいろんな部署で働いた人（農協担当部署以外での経験がある人という意味だとみられる）に聞いて改革をしてほしい。それだったら一切逆らわない。今の状況は駄目だ。こんなばかなことはあり得ない」

当時、国民的な人気を誇っていた小泉を向こうに回してなかなかの大演説である。ちなみに、中川は農協幹部を集めた翌一七年の講演でも「あの人（奥原）は農協しか知らん。もともと（農協を担当する）経営局にしかおらへんやさかいに農協から見た農業を考えとるねん」と述べている。役所の人事なので当然といえば当然だが、奥原は食糧庁計画課長、大臣官房秘書課長、水産庁漁政部長、消費・安全局長など経営局以外の仕事も経験している。

中川は、守旧派のボスとして小泉に物申した自分に酔っている節がある。前出の講演でこう語っている。

「週刊誌に最近また名前がよく出始めまして、一番改革に反対する男、小泉進次郎さんと大阪の会議で厳しく議論しましたら、『(中川は) 抵抗勢力』だと新聞や週刊誌に書かれました。また、全国の（農協組織の）役員選挙は、小泉進次郎対中川泰宏の代理戦争やとまで最近書かれております」

そしてこの講演でも奥原への批判は忘れなかった。

「私は、奥原事務次官がやっとる改革には大反対の一人であります。(中略) 奥原さんは（首相）官邸の言う通り、走り回っとんのや。自分が事務次官になれたから。これが大きな間違いやねん。でも私は、奥原さんアカンけど、アカンからとじっとしとったら先につぶされる。こっちから攻めていく。こっちから戦いに挑んでいく」

何とも不穏な物言いだが、「こっちから攻めていく」という発言は政府から命令される前に先手を打って農協を改革するという文脈で出ており、暴力を振るうという意味ではない。

ところが、水面下では穏やかでない動きがあった。ＪＡグループ京都は奥原を退任に追い込むために「弱点」探しを行っていたのだ。ＪＡグループ京都のナンバー2で「ミニ中川」と称されるＪＡ京都中央会専務の牧克昌と農水省元幹部との、奥原を巡る耳を疑うような密談の中身をお伝えする。

農水省次官による「遊びかいじめにつき合わされている」と断言

次のやりとりは、一八年一月に、半年前まで農水省の消費・安全局長を務めていた今城健晴が牧と京都市内のレストランで会食した際の会話の録音データに基づくものである。

今城と、牧らＪＡ京都中央会役職員らはビールなどで乾杯し、カニなど豪華な食事を楽しんでいた。

乾杯から二時間が過ぎる頃には今城はワインをたしなみご機嫌になっていた。そのタイミングで、最初から水しか飲まずにシラフの状態の牧がこう切り出した。

牧　うちも「奥原さんに何とか早いこと辞めてもらおう」ばっかり言うてはるんやけどね、

は？何か辞めてもらう方法ってないんですかね？　何かあの人を攻めるええ方法というの

今城　いや、それはなかなかね。

牧　弱点はないんですか。

今城　隙のない方ですから。

牧　あの人はお子さんは……

以降、奥原のプライバシーに関わる発言のため省略するが、牧は奥原の家族に踏み込んでまで弱みを握ろうとした。

牧　へー。ほんまに何とかならんかと思うわ。何かこういうとこ攻めたらいいですよ、いうのはないんやろか？

今城　いやいや（笑）。

牧　局長、教えてもらえんやろか。これをぜひ聞いてみてくださいとか言うて。すねに傷みたいなものはないんですか、あの人は。清廉潔白で。

今城　そこは本当に何ちゅうか、かなりかたくなに潔白な方ですね。

牧　そうなんですか。

今城　そういう意味では、はい。

牧　そうですか。
今城　はい。
牧　へー。男やったら女の一人ぐらいはないんですか。
今城　いや、それはないと思いますね……。
牧　ははは（笑）。そうか。

以降、奥原のプライバシーに関わる発言のため省略。

牧　ふーん。ほな全然弱みも何もなしで。
今城　うん、そう思いますね。
牧　人間味がないね、そんなやつ。

牧はこの後、農協改革への批判を始める。奥原が農水省経営局長を務めていた一四年、牧が所属する農協中央会は農協に対する監査権限を剝奪され、公認会計士監査を行う監査法人を別組織として立ち上げて、旧来の監査部門を移管することを強いられた（いわゆるＪＡ全中の解体）。牧は「（ＪＡ全中解体の提言などを行った）規制改革会議の委員会は、奥原さんが全部裏で仕切っていた」との認識を示している。つまり、奥原に対して遺恨があるのだ。

今城　まあ、（奥原）本人は、「自分は心を鬼にして（農協に言って）やってるんだ」とよくおっしゃるんですけど。

牧　そうなんですか。何のために？

今城　いや……。

牧　心を鬼にしてって、知らんわそんなん。普通にしてもうたらええけど、人間らしく。

今城　ご本人の気持ちを忖度して言えば、「系統（ＪＡグループ）に対して厳しくしてるのは系統のためを思ってやってるんだ」とおっしゃるでしょう。

牧　口ではね。

今城　はい。口では（笑）。

牧　口ではそうやけど。

今城　ははは（笑）。

牧　ほんまに。系統のためなんか一言も思ってはらへんわ。解体することしか考えてはらへん。そう思いますわ。ほんまに今城さんみたいな人が（偉く）なってくれはらへんかったらうちは崩壊ですわ。ＪＡも崩壊やけども。大変でっせほんまに。

今城　いや、まあ、やっぱり不毛な組織いじりみたいな話はちょっとどうかとは思いますけどね。

牧　そうなんですよ。組織を改革して、こうしたら良うなるというのが見えてきたらわれわれも協力するんですけど、全然そういうことが見えてこないもんですから。

今城　私もよく知らなかったんですけど、監査の話（農協中央会から監査権限をなくしたこと）は、そのほうがいいのかよくわかんないんですよね。

牧　そうそう、全然わかりません。そんなん余計コストがかかってね、ほんで一般の監査法人は農協の監査なんかしたくない言うとんですよ。

今城　ですよね。

牧　そんなん何でそんな危険なところの監査せんなんねんと言うて。ほんまに。

監査の話が続くため省略するが、監査法人が「危険なところだから監査したくない」という農協を、身内の組織である農協中央会が監査するのは客観性に欠け問題があるからこそ、政府は農協に公認会計士監査を義務付けた。規制改革会議が一四年にまとめた「農業協同組合の見直しに関する意見」には、「農協の経営相談と監査を同一の主体が実施することは、『監査の独立』により、その信頼性を確保していく上で問題がある。全中監査は真の意味での外部監査とは言い難い」という記述がある。

牧　わざわざ（農協を監査するために）「みのり監査法人」いうてつくりましたけど。まったく（農協中央会とは）別でつくってます。何でそんなことせんなんのか全然わからへん。奥原さんの遊びかいじめにつき合うとるみたいなもんですわ。

今城　いえいえ（笑）。

ＪＡ全中や各都道府県の農協中央会は、政府が決めた農協改革の方針を受け入れ、粛々と監査法人の立ち上げなどを行ったのだが、農協改革を「奥原さんの遊びかいじめにつき合うとるみたいなもの」と考える牧は、奥原を辞めさせるか屈服させるために、農水省の今城から奥原の弱みを聞き出そうとしたのである。

ＪＡグループ京都による工作が成功したのかどうかは不明だが、奥原はこの年の七月に次官を退官している（次官在任期間は二年で、短くはなかった）。

筆者の取材に、今城は「牧とのやりとりは、（牧らによって）無断で録音されたものだ」と明らかにした。

音声データには、会食の場となった京都市内のレストランの予約を牧らＪＡ京都中央会がしたことや、会食の前にテープレコーダーの隠し場所を牧とその部下が相談していることをうかがわせる生々しい会話が含まれる。

実は、音声データはＪＡ京都中央会が、ダイヤモンド社とコメの産地偽装疑惑の記事を巡って争った訴訟に、裁判資料として提出したものだ（その経緯は第一章を参照）。

農水省元幹部への接待攻勢で現役次官に平身低頭させる

牧らが今城から同意を得ることなく酒席での会話を録音し、裁判資料として公の場に提出するという前代未聞の行為を知った農水省は当然、怒り心頭に発した。

「農水省関係者と農業団体が内々で情報交換をするのは、オフレコ発言を公にしないという信頼関係があってのこと」（農水省幹部）だからだ。常識的に考えれば、重大な信義違反を犯したJA京都中央会と農水省の関係は悪化するはずだ。

しかし、である。当初、憤慨していた農水省幹部らはいつの間にか中川に丸め込まれてしまった。二一年には何と、農水省次官である枝元真徹（当時）が中川とにこやかに対談までしているのだ（対談の模様が二月の『京都新聞』の広告記事に掲載されている）。

その対談の冒頭のやりとりは中川と農水省の関係を象徴するものだった。

対談のホスト役である中川が「お忙しいところありがとうございます。衆議院議員になって初めてお会いしたとき、地方、農家の事情を深く理解された方だと感心しました。鹿児島弁の独自の語り口が印象的でした」と上から目線の人物評を披露すると、枝元は「会長には私がお米担当の頃から米粉利用などいろいろお世話になりました」と平身低頭しているのだ。

中川が農水省とこのような主従関係を結べたのは、もっぱら彼の政治力のおかげである。

中川は現役の衆議院議員時代に農水省の官僚を集めて懇親するなどしてかわいがった。また、昵懇《じっこん》の間柄である首相秘書官（当時）の飯島勲を通じて、官邸に出向している農水省の次官候補らに唾《つば》をつけるのも忘れなかった。

奥原を除く農水省の元幹部らにも顔が利く。JAグループ関係者は「次官などを務めた元幹部を京都府に講演会などの名目で招き、接待することで仲間として取り込んでいる」と言う。

このように長い時間をかけて築いた中央政界とのパイプが、中川の力の源泉になっているのである。

7 全国農協を牛耳る野望の果てに

農協の共済事業の大元締めであるJAグループ全国組織の役員を二五年以上務める中川泰宏は、在任期間が断トツに長い長老格の農協リーダーだ。その実行力と「ゴネ力」により農協界での存在感は圧倒的である。中川のJAグループ内での振る舞いや、JA全農、JA共済連などに与えた負の影響を検証する。

「中川は例外的な存在だ。あんな怪物のような男が、他に農協界に現れるとは思わない。彼をJAグループの象徴のように書かないでほしい」

あるJAグループ全国組織関係者の言葉である。たしかに、中川は規格外の農協リーダーだ。しかし、決して「例外」とはいえない。

二五年以上JAグループの全国組織役員を務めている農協リーダーは他にいない。いないどころか、二期六年程度でリタイアする全国組織役員が多い。中川から見れば、こうした凡庸な農協リーダーなど取るに足らない存在なのである。

「僕ね、二五年間全国連（の役員をやって）おるんやけど、どんどんどんどん（周りの全国連役員の農協リーダーの）器が小さくなってきたわ。昔の組合長さん会長さんの家いうたら門屋があって、大きな庭を持った金持ちの家ばっかりやった。最近は職員上がりの組合長も増えてきたし、器が小さなってきた」という講演での発言に、他の農協リーダーを軽視する中川の姿勢が表れている。

実際、ＪＡグループには中川の力を頼って保身に走る〝器の小さな〟県農協中央会会長や、幹部職員が少なからずおり、役員選出の投票などで同調する派閥を形成している。

ＪＡグループ全国組織の理事長や社長などの選出では通常、根回ししてつくられた人事案が都道府県の農協中央会会長で構成する経営管理委員会（株式会社の取締役会に相当）で追認されるのだが、中川には役員の人事案をひっくり返すゴネ力がある。

ＪＡグループ内で、「京都が介入した」といえば中川がゴネているということであり、「京都の力を使った」といえば、幹部職員らが出世や保身のために中川を頼ったということと同義なのである。

中川のＪＡグループ内での影響力拡大のためのやり口とはどんなものなのか。

ＪＡグループにはびこる中川の子飼いたち

ＪＡグループでは役員の改選時期になると、県の農協中央会会長に出世した農協リーダーに胡蝶蘭が届く風景が風物詩となっている。送り主は中川である。

この胡蝶蘭にどう返事をするか――、つまり中川との距離感をどう取るかが、県の農協中央会会長に成りたての農協リーダーたちの試金石になる。

各県の農協中央会会長は、農協の農政運動を主導するＪＡ全中や、商社機能を担うＪＡ全農といった全国組織の役員のポストを争うライバルである。意中のポストに座るには、どの長老リーダーの派閥に入るかが極めて重要な要素になるのだ。

中川と親しくなる道を選ぶと、盆暮れなどに特産品の贈答が始まる。中川からは京都府産の「やまといも」などが送られてくる。ただしこの段階では、中川の子飼い誕生のファーストステップにすぎない。

こうした関係から、仕事上のトラブル処理などで中川の力を借りると、次のステップに進んでしまう。ある県の農協中央会会長経験者は「一度、中川に弱みを見せると上下関係ができ上がり、頭が上がらなくなる」と内情を打ち明ける。

中川の盟友として有名なのが、ＪＡ千葉中央会会長の林茂壽だ。林はたびたび京都を訪れて中川と密談しているのが目撃されている。林が二〇二三年に八三歳、中川が七二歳という年齢差もあって、中川は林を「兄貴」と呼ぶ。だが、二人の関係は対等か、むしろ年齢とは逆で中川が上位にいるかもしれない。

林が代表を務める政治団体「千葉県山田としお後援会（ＪＡ全中の集票組織である全国農政連が参議院議員として国政に送り出している山田俊男氏を支援する組織）」は、「中川やすひろ後援会」の後継政治団体「泰山会」が一八年に開いた同会設立記念式典のパーティー券を二〇万円分購入、翌一九年には同会設立一周年記念式典のパーティー券を三〇万円分購入している。

千葉県山田としお後援会は、政治資金を千葉県の農協から調達している。つまり、元をたどれば千葉県の農家から集めたカネなのだが、それがはるか遠い京都の農協界のドンに献上されているのである。

利益を分け与えてコントロール

中川のゴネ力が発揮されるのは、人事案の承認だけではない。

ＪＡグループ全国組織の事業上の承認案件への同意を渋って、時間切れギリギリのところで執行部の案を認めてやることで幹部職員に貸しをつくり懐柔していく。

たとえば、ＪＡ共済連が東京海上日動火災保険と水面下で提携交渉を行った際、「なぜ（エリート職員ら）執行部は（県の農協中央会会長でつくる）経営管理委員会に報告せず交渉など行っているのか」とこわもての一面をのぞかせた（結局、共済連と東京海上の提携は実現せずに終わった）。

ＪＡ全農においては他社との資本提携を進めるために、ＪＡ全中では、経営難に陥った農協の救済策を実行するために、いかに中川から承認を取りつけるかが「最後のハードル」になった。

中川はＪＡグループ全国組織の会議に付議された案件について、厳しい質問を矢のように放つ。そして「自分だけが会議の時間を独り占めできないので、後で説明に来てや」と告げるのだが、これが罠なのである。

幹部職員は後日、中川への説明のために京都へ出向くことになるが、「まず中川に日程を押さえてもらわないといけない、ようやくアポが取れても、納得してもらわなければならない。渋られたら『会長どうかお願いします』とひたすら頭を下げることになる。終始中川ペースだ。やれやれとJR京都駅から上りの新幹線に乗り、ビールの栓を抜いたときには、自覚の有無にかかわらずすでに上下の関係ができ上がっている」（JAグループ全国組織関係者）。

別のJAグループ関係者は「中川に話を聞いてもらうため、座敷で二時間正座して待った。ようやく面談がかなって了承してもらったが、バーターで政治的なことも含めいろいろと押し込まれた」と明かす。JAグループ全国組織の幹部職員にとって京都は鬼門なのだ。

ただし、幹部職員にもモラルに欠ける者がいる。社長を三期目、四期目と続投したいがために「中川の力を使う社長が複数いた」（ある県の農協中央会会長経験者）。保身のために幹部職員が京都を訪れることをJAグループでは「京都詣で」という。経営者が中川に依存する全国組織は当然、隷属を強いられる。

中川の手下のコントロールの巧みさは、ただ単に隷属組織を使い倒すのではなく、利益を分け与えるところにある。たとえば、JAグループの旅行代理店、農協観光は中川の影響を強く受けていた。

実際に、中川はJAグループ京都がフランス・パリなど世界七ヵ所で開いた、京野菜を振る舞う晩餐会の手配を農協観光に任せるなど、おいしい仕事を回してきた（晩餐会には農水省から一回当たり約二五〇〇万円の補助が出ている。詳細は第五章の4参照）。

農協観光の京都支店は、中川のファミリー企業が京都市内で行った違法な地上げに加担した

（詳細は第三章の3参照）。その背景には、人事と事業の両面で中川に依存していたという事情があったのかもしれない。

ただし、さすがにJAグループにも自浄作用はあるようだ。前出の農協中央会会長経験者は「農協観光は二〇年の役員人事で中川の影響が排除され、会長には反中川陣営がお目付け役として就いた。正常化している」と話す。

狙われたJA共済連、全農会長ポスト

ところで、中川自身は子飼いたちを駆使して、JAグループのどの組織の会長ポストを狙ってきたのか――。答えはずばりJA共済連（保険）とJA全農（商社）である。両組織に共通するのは利権の大きさだ。

中川が現在、副会長を務めるJA共済連の保有契約高は二二七兆円を超え、保険を管理するITシステムの投資だけでも莫大なカネが動く。

同じく、長年にわたり役員（経営管理委員）を務めるJA全農の二一年三月期の売上高は四兆三三二六億円と、大手商社に匹敵する。

つまりJA共済連とJA全農には、中川にとっての〝うまみ〟があるのだ。実際に、中川の長女や妻が役員を務めるファミリー企業がJA全農に土地を貸し付けるなど、利益誘導の疑いのある取引が確認されている（詳細は第三章の3参照）。

ＪＡ全農関係者によれば「京都府で中川が事実上経営している牧場（泰宏農場生産組合）は家畜飼料などを扱うＪＡ全農の取引先だが、クレームを言われることもあり、かなり神経を使う」という。

一方、中川は政治組織であるＪＡ全中の会長ポストには目もくれない。ＪＡグループの中核ではあるのだが、経済的なうまみが少ないからだ。ＪＡ全中会長は全国の農協組合長による投票で決まるため、第三章の2で書いた「労組潰し」などのように違法行為を行ってきた中川は当選しにくいという事情もある（対照的に、ＪＡ共済連とＪＡ全農の会長は二〇人程度の経営管理委員による投票で決まるため、うまく票をまとめれば勝ち目がある）。

中川がＪＡグループ全国組織を支配できるかどうかの天王山の戦いになったのが、一五年のＪＡ全中会長選挙だった。

「不正があったんだ！」。同年七月二日、ＪＡ全中会長選挙の結果が発表された東京・大手町のＪＡビルの会議室に中川の叫び声が響き渡った。中川が推していた守旧派の中家徹（ＪＡ和歌山中央会会長）が大方の予想に反して落選したのだ。

中川は、ＪＡグループを牛耳ってきた参議院議員の山田やＪＡ北海道中央会会長（当時）の飛田稔章ら大物農協リーダーを味方に引き入れていたので勝ち馬に乗ったと思い込んでいた。

ところがふたを開けてみれば、反中川陣営が、守旧派のやり方に疑問を持つ農協組合長らを切り崩して大逆転を果たしていた。中川は選挙結果を受け入れることができず、思わず叫んでしまったわけだ。キングメーカーとなり、自身がＪＡ共済連会長に就任する中川のシナリオは脆《もろ》くも崩れ去った。

この選挙でＪＡ全中会長に就任した奥野長衛（ＪＡ三重中央会会長〈当時〉）、選挙の参謀役として守旧派の切り崩し工作を主導した加倉井豊邦（ＪＡ茨城県中央会会長〈当時〉）、ＪＡ全中副会長として奥野を支えた田波俊明（ＪＡ福井県中央会会長〈当時〉）らが、反中川のリーダー格として立ち塞がった。

一敗地に塗《まみ》れた中川だったが、この程度のことで諦めるはずもなかった。実は、中川はこの前年の一四年にＪＡ共済連会長に立候補し、隣県の兵庫県の市村幸太郎（ＪＡ兵庫西組合長〈当時〉）に敗れている。このとき、敵陣営に付いた岩手県の農協中央会会長を味方として取り込むなど各県に子飼いを増やしていたのだ。

「共済連会長の夢」はついえてもＪＡグループに深刻な後遺症が

ところが結論から言えば、中川は二〇年にＪＡ共済連の会長に再度挑戦し、青江伯夫（ＪＡ岡山中央会会長）にダブルスコアの差で敗れた。ＪＡグループ全国組織の会長には年齢制限があるため、中川にとってはラストチャンスだった。

敗因は、（１）中川の強引なやり方に否定的な反中川陣営の結束が固かった、（２）会長定年制に否定的な中川がＪＡ共済連会長に就任しさらに力を付けると、定年を延長して二期、三期と続投し、ＪＡグループを支配するのではないかという懸念が広がった、（３）投票前に、中川のファミリー企業による悪質な地上げの実態が明らかになった――の三点にほぼ集約される。

中川はＪＡ共済連会長就任の夢がついえた後、同副会長に再び納まったが、これは「執行部に対する批判勢力に回られるより、与党内野党になってもらったほうが穏便に済むという判断だった。思惑通り、副会長として中川は比較的、静かにしている」（ＪＡ共済連関係者）という。

このようにしてＪＡグループ全国組織は中川による私物化を免れた。中川によるＪＡグループ全国組織の会長就任を阻止したことは、農協リーダーの「最後の良心」が発揮された結果といえるかもしれない。

しかし、だからといって中川の影響力がすべて排除されたわけでも、中川がＪＡグループに残した後遺症が癒《い》えたわけでもない。

結局、中川がＪＡグループの首領になれなかったのは、「自らの利権のために発言・行動していると判断されたから」（前出の農協中央会会長経験者）という理由に尽きる。

たとえば、二〇年のＪＡグループ全国組織の会長選挙の際、ＪＡ全中会長の中家（一五年のＪＡ全中会長選挙で敗れたが、一七年の同選挙で当選した）は自身の二期目続投を可能にするため、会長就任時の年齢制限を「七〇歳未満」から「七〇歳以下」に緩和した。

これに中川がトップを務めるＪＡ京都中央会は反対した。老害リーダーがはびこるのを防ぐ観点からはまっとうな主張のようにも見える。

だが、多くの農協関係者は「中川は『七〇歳以下』へと一年間延長されるだけでは自分にメリットがないから反対した。自分が会長に当選した場合に一期で終わりではなく、二期、三期と続投できるような大幅な年齢制限緩和だったならば賛成に回るはずだ」（ＪＡ全中関係者）とみていた（実際に、中川は公の場で会長の年齢制限の必要性自体に疑問を呈していた。詳細は第三章の1参照）。

中川は若い頃には「差別をなくす」とか、「農協の長老支配を改める」といった理念を持っていた。三六歳で全国最年少の農協組合長となり、四四歳でＪＡ共済連副会長とＪＡ全農経営管理委員の座を射止めた農協界の改革の旗手だった。

五一歳のとき、農協関係者と対談した際には、農協の経営課題について「金融の収益で経済事業（農業事業）の赤字を補塡するのはおかしい」と喝破。中川は農業振興の重要性を強調した上で、「赤字農家の協同組合はあり得ません。農家あっての農協なのは当然です。農業で儲かる農家にしなければなりません。これが改革の基本です」と核心を突くコメントをしている。

それから二〇年弱、中川はＪＡグループ全国組織の中枢に居座り続けたが、農協の根本的な経営課題にメスを入れることはなかった。農協はさらに金融依存を深め、そこから抜け出す体力を失ったところへ、日本銀行によるマイナス金利政策が直撃。赤字農協が続出して存亡の機に立たされている。

農協職員が共済（保険）の営業ノルマの達成を強いられ、できない場合は自費で契約する〝自爆営業〟まで行い、そうやって得られた利益はＪＡ共済連が吸い上げる――というＪＡグループの〝全国組織至上主義〟的な収益構造も温存されてきた。

中川の実行力とリーダーシップは農業振興やＪＡグループの大改革には使われなかった。中川はＪＡグループの構造改革を主導するどころか改革の阻害要因になったのだ。

その成れの果てが、一八年から行った「農家数の水増し」である。中川は農業協同組合法上、農業者にしか与えてはいけない農協の議決権を非農家の地域住民に与えるという小手先の手法で、農協の延命を図った（詳細は第三章の5参照）。

ＪＡグループは迫り来る重大な課題から目を背け、正組合員（議決権を持つ農業者の組合員）の要件緩和といった「対症療法」や、政治力を使った「改革逃れ（米価の高値誘導などによる小規模農家の温存など）」によって問題を先送りしたことで、結果的に展望を描けなくなっている。その責任の一端を二五年以上ＪＡグループ全国組織の役員を続けている中川が負うのは当然だろう。

今後、中川がいつまでＪＡ京都中央会会長を続投するかわからないが、いずれは引退せざるを得ない。長年にわたる独裁の結果、ガバナンスが機能不全に陥っているＪＡグループ京都の受難はむしろこれから始まる。

第四章

小泉チルドレンVS.政界の狙撃手

平成10年1月6日

自由民主党
京都府支部連合会
　会長　野中 広務様

中川　泰宏

昨年12月19日に東京でありましたお話のご返事を文書でお伝えします。

私は八木町長に就任したとき、野中会長から次のようなお教えをいただきました。それは、「正義を求め、大道を歩け」「人・組織の面子をつぶさない」「人に恥をかかさない」「とくに年寄りの面子はつぶさない」ということで、その教えの通り町長職を務めてまいりました。お蔭様で無事、5年間職務を全うすることができました。

また京都のJAの会長職もお教えの通り務めているところでございます。JAはご承知のように改革・リストラを行い、京都府内の単位農協を5つに再編成して、経営の安定を基本に農業の育成、農家の生活向上、食糧の安心供給のため努力しています。しかし、農業・農村地を守っていくためには、どうしても行政、政治の力を借りなくてはなりません。

その思いから、京都府農協政治連盟は、府内一円で活躍できる政治家を出そうと、中川泰宏を次期参院選に出馬させようとしています。ところが、農協政治連盟の活動だけのでは当選が難しく、盟友である自由民主党に公認をお願いするとともに、後援会活動としては農家以外にも呼びかけ、会員数はすでに15万人になり、引き続き25万人をめざして運動しているところです。

町長は執行権があり、一人でもやっていけますが、議会議員となるとどこかの会派に属さなければ政治活動は無理だと思います。そこで私は自由民主党の中で活動したいと思い、農協政治連盟の役員の皆様に自分自身の思いを伝え、また、別紙お送りいたしました経過確認書をつけて、役員それぞれの意見をたまわりました。

1998年の参議院議員選挙の自民党公認候補が発表される直前、
中川が野中に送った宣戦布告文

1　野中のけん制と中川の反発

中川泰宏を語るとき、政敵として立ちはだかった自民党元幹事長の野中広務は欠かすことのできない存在だ。当初、師弟関係だった二人は、最終的に完全に敵対し、野中が中川のことを「正面の敵」と公言するまでになった。同志でもライバルでもあった二人は初対面からすでに火花を散らしていた。

「野中さんはおれよりも三〇歳近くも年上。あの人の存在と野中さんへの反撥心がなければ、私は衆議院議員どころか、町長にも町会議員にもなれていなかったかもしれません。野中さんのおかげで僕は有名になったと思っている。野中さんと私は、不思議な運命の絡みを生きたと言えます」

これは野中が二〇一八年に逝去した後、大下英治が著した『野中広務　権力闘争全史』に寄せた中川のコメントである。

「運命の絡みを生きた」というのは中川独特の言い回しで一般的な表現ではない。だが、京都の田舎町の勢力争いから始まり、やがて中央政界をも巻き込むことになった中川と野中の相克を知れば知るほど、「運命の絡み……」という表現がしっくりくるように思えてくる。

中川と野中は共通点が多い。両者とも最終学歴が高卒（同じ京都府南丹市の園部高校卒業）のたたき上げで、町議会議員、町長、衆議院議員を務めた。

「生きづらさ」を抱えていたことも共通点だった。足が不自由な中川は小中学校時代に壮絶ないじめに遭い、高校進学、就職などで差別を経験した。

野中も中川同様、差別と苦闘した。野中は被差別部落出身だ。政治を志したのも差別に直面したことがきっかけだった。復員して大阪鉄道局に勤めていた二〇代の頃、局内の隣室で後輩が「野中さんは大阪で飛ぶ鳥を落とす勢いで仕事をやってあんな（筆者註・上席の）ポストを得ているけど、あの人は地元へ帰ったら部落の人や」と言っているのを聞いた（同志社大学教授の庄司俊作が〇五年に行った野中へのインタビューより）。

発言していたのは野中が最もかわいがっていた同郷の後輩だった。後輩は、野中の推薦で採用し、下宿に泊まらせ、大学にも通わせるほど手塩にかけていた若者だった。

信頼していた後輩の裏切りに、野中は「五日間くらい、下宿でのたうち回った」（同）。

野中が被差別部落出身であることは瞬《また》く間に職場に知れ渡り、同僚たちは手のひらを返したように離れていった。

苦悩の末に野中が出した結論は、「俺はいくら大阪で頑張ってやったってだめだ。地元にはそういう因習が残り、地元の中にそういう差別をされる事象が残っているとしたら、これは真っ直ぐ地元に帰るべきだ。（中略）俺を知ってくれ、どこの出身だと知ってくれた人のところに帰って、そこから出直して、自分を知ってくれたところで生き上がっていこう」（同）というものだった。

野中はその翌年の一九五一年に園部町議会議員選挙に立候補して当選。その後、大阪鉄道局を退社した。

野中は、被差別部落出身であることを「俺のハンディにしたってしょうがねえんだと。それをバネにして頑張りゃいいんだ」（野中の著書『差別と日本人』〈辛淑玉との共著〉）と考えて権力の階段を上っていった。足の障害が原因でいじめや差別を受けてきた中川が、野中にシンパシーを持つのも当然だった。

中川は「政治家のお師匠さん」と野中を持ち上げて、こう評している。

「野中先生のすごみは勝負どころでの度胸の良さだ。それと人間関係にべたべたしないクールさがある。良く言われた。『俺は一介の田舎もんや。毛並みも悪い』。いわゆるエリートではないが、逆にそれが強みである」（著書『弱みを強みに生きてきた　この足が私の名刺』）

中川が同著を上梓した二〇〇二年は、八木町長を務めて一〇年の節目の年だ。その頃、中川は国政進出を目指していた。自民党の公認を得ようと手を尽くしたが、党の重鎮だった野中がそれを認めず、二人の間は一触即発の状況だった。しかし、それよりずっと前から中川と野中の間は険悪になっていた。

中川と野中はどのように出会い、互いに利用し合う互恵関係を経て、選挙を巡って対立するまでに至ったのか。

中川の町長選から対立が激化

中川が野中に会ったのは貸金業と不動産業を始めた二〇歳の頃だった。八木町の交通安全協会の会長を務め、野中の支援者でもあった父から「会っておけ」と言われ、京都府議会議員（当時）だった野中を訪ねた。

そのとき、野中が放った言葉に中川は後年までこだわった。

「海辺の松と不動産屋は真っすぐ育たん」

野中の言葉に対して中川は「おっさん（野中）は自分で商売をしたこともなく、金もうけも下手だが、要点を的確についた言葉だった」と回想している（『月刊テーミス』〇一年五月号）。

野中は、中川が貸金業と不動産業を始めた男だということは知っていただろう。野中は中川がやろうとしている際どい商売を「海辺の松」にたとえてあげつらうことで、自分に取り入ろうとする中川に対し予防線を張ったのかもしれない。だが、それは結果的に中川の闘争心に火をつけることになった。

〇二年に出版された前出の著書で中川は、発言者を野中ではなく、あえて「ある人」に変え、本音を語っている。『『松の木と不動産屋はまっすぐに育たない』と、ある人に言われたことがある。土地売買のある種のいかがわしさを指摘したものだ」。

このように、初対面でのけん制と反発という経緯はあったものの、商売で伸し上がっていた二

○代の中川と、府議会議員だった五〇代の野中は、互いに利用価値があったことから次第に接近していった。

野中は中川の実行力を頼り、ややこしい案件の処理を持ち込むようになった。中川が政治に関わるようになってからは、自分を慕う若手の一人として一定の距離を取りつつもつき合った。

他方、中川も、野中の集会があれば参加し、最前列で演説に聞き入り、選挙を応援した。「はたから見ると二人は師弟関係のように見えた」(地元関係者)。

政治家としても不自由な足が「名刺」として効果を発揮

中川が八木町の町議会議員選挙に当選したのは三五歳の頃だ。当時の中川を知る地元関係者によれば、貸金業や不動産業、牧場を営む中川は、町の商工会の会合で積極的に発言するなど青年代表として存在感を高めていた。

「町政を変えないといかん」と主張する中川が舌鋒鋭く批判したのは、京都府下の行政に強い影響力を持っていた同和団体、部落解放同盟だった。当時の八木町は部落解放同盟の影響を強く受けており、既得権益化した町単独の同和対策事業の改革が大きな政治テーマだった。中川は園部高校で「同和問題研究会」に所属していたし、自分自身も差別された経験があるので、この問題については一家言を持っていた。

被差別部落出身者を税や公共工事などで優遇する政策は「逆に差別を招く」として中川も野中

も批判的で、後年、両者は同和行政の抜本改革で手を組むことになる（詳しくは後述する）。ただし、町議会議員になった頃の中川を野中は警戒してもいた。野中は衆議院議員としての活動の合間を縫って会食するほど親しかった当時の八木町長に「中川には注意しろ」とたびたび、警告していた。

同町長は町長選挙で中川の挑戦を受け、一度ははね返すものの、その選挙から二年後の九二年、任期途中にもかかわらず突如辞職した。「病気療養のため」というのが表向きの理由だった。

しかし、野中と親しい地元関係者は「突然、町長を辞めると言い出した。野中派の関係者は中川から何か弱みを握られたのかといぶかしく思っていた」と当時を振り返る。同町長の病気の真偽は不明だが、当時の報道によれば糖尿病を患っている上、脳梗塞を併発し入院していたという。その後、同町長は快復し、一四年に死去した。

同町長辞職後に行われた町長選挙に中川は再挑戦した。選挙で戦ったのは野中が推す候補者だった。

中川は四年前から八木町農業協同組合の組合長を務めており、農協職員が選挙を応援した。農協経営の再建にめどをつけた中川は、前回の町長選挙のときより農協職員や組合員らの結束を固めていた。

当時を知る地元関係者は「中川は農協組合長としてイベントで振る舞う自家製ヨーグルトを徹夜して丁寧に作っていた。うまかった。当時の中川には生真面目で熱心なところがあった」と語る。

また前述の通り、八木町では同和対策事業の改革が政治テーマになっていた。「同和団体と対決し得るリーダーとして、足の障害に起因する差別と闘ってきた中川への期待が集まった。『毒をもって毒を制す』という考え方だった。選挙期間中、中川が不自由な足で町を練り歩く姿も有権者の心を打った」(前出の地元関係者)。

そうした追い風もあって中川はリベンジマッチを制した。野中にとって中川の当選は面白くなかった。野中派だった八木町長が突然辞任し、同じく野中派だった町議会議長が野中の意に反して中川の当選に手を貸していた。町議会議長は町長選挙に出馬して、野中派の票の分裂を引き起こしていたのだ。野中と親しい地元関係者によれば「町議会議長は野中事務所に謝りに来ていたが、野中から追い払われていた」という。

四〇歳で町長になった中川を野中は人事と政策の両面で支えた

八木町長のポストを中川に奪われてからの、野中の戦略の転換は速かった。中川と敵対するのではなく、懐柔することを選んだのだ。

中川も表面上は「ノーサイドの精神」を装った。町長選挙当選後、野中にあいさつに行った。「よく来たな、おめでとう」「あわてるなゆっくりいけ」「正義を求め、大道を歩け」「やってはいけないことは年寄りに恥をかかせることだ」

これらは、あいさつで訪問した際、野中から掛けられた言葉として中川が前述の著書などに記したものだ。中川は「野中語録をたっぷり聞かせてくれた」と、皮肉交じりに書き残している。町長になった中川が困ったのが、町長の右腕となる助役の人選だった。中川は古参の収入役に打診したが受けてもらえなかった。ところが、野中に仲介を頼むと話はすぐにまとまった。野中は人事で恩を売ることで中川との関係を修復した。

中川は同じ著書で「（野中と）会うたびに町政のポイント、勘所を教えられた」と書いている。一方、「大変参考になったが、無視した意見もあった」とわざわざ書いている箇所もある。無視したのは髪形に関する苦言だった。野中から「おまえ、その頭なんとかならんか、髪伸ばせよ」と注意されたのだという。高校卒業後しばらくパンチパーマにした他は、ずっと丸刈りで通している中川は「ほっといてくれ俺の趣味や」と言い返した。すると偶然隣にいた広務の弟で、八木町の隣町の園部町長をしていた一二三が「そうや、そうや、個人の趣味や」と中川に加勢。広務は苦い表情で顔を背けたという。

これは後の中川と野中兄弟の関係を暗示する象徴的な場面だ。というのも、一二三は広務と反目して、兄の政敵である中川の側につくことになるからだ。

話を中川による町政に戻す。中川は、地元農協の組合長という立場をフル活用して企業誘致などに取り組んだ。

中川は、ＪＡグループ内でもスピード出世を果たしていた。町長就任から二年後にはＪＡグループ京都会長に、四年後には全国の農協の共済（保険）事業の大元締めであるＪＡ共済連と、Ｊ

Ａグループで商社機能を担うＪＡ全農の役員となり、農協組織を動かせる立場になっていた。

　剛腕ぶりを発揮したのが、「雪印乳業（当時。現雪印メグミルク）」の工場誘致だ。中川は、関西地域で新工場を建設しようとしていた雪印乳業に声を掛けたが、同社はすでに他に候補地を決めていた。

　しかし、そんなことでは諦めなかった。同社のメインバンクがＪＡグループの「農林中央金庫（農中）」であることを調べ上げると、「農中を介して再度（雪印乳業と）話を進め、紆余曲折はあったものの、新工場建設は八木町に決まった」（同著）のだという。中川は、同工場誘致において、「農協との関わりがモノをいった」と同著で誇らしげに書いている。

　工場が稼働したのは〇一年だが、その前後に雪印乳業は集団食中毒事件やグループ会社

中川が町長時代に八木町に誘致した雪印メグミルク京都工場池上製造所。
中川によれば、土地代と総工費は合計140億円だという

が起こしたＢＳＥ（牛海綿状脳症）対策を悪用した牛肉偽装事件で経営危機に陥る。経営再建の過程でＪＡ全農などの資本を受け入れ、現在の雪印メグミルクの株式のうち一三・六パーセントをＪＡ全農が、九・九パーセントを農林中金が握っている（二二年三月末現在）。

中川の自宅の程近くにある同工場は、中川が代表を務める政治団体「泰山会」が二一年に花火大会を開催した際、駐車場として敷地を提供するなど、中川が町長を退任した後も親密な関係が続いている。

工場誘致が八木町の振興につながったのは事実だろう。工場は雇用を生み、中川の地元における支持基盤を確立するのにも大いに役立った。中川はＪＡグループの力を総動員して、野中大国の一部だった地元・八木町（現南丹市）にくさびを打ち込んだのだ。

2 同和問題改革者から一転、同和事業を利用する

中川泰宏が政治家として最も輝いたのは八木町長時代だ。中川は利権の温床となっていた町の同和対策事業を全廃したのである。同和団体が町役場に押し掛けるといった抵抗にひるまず利権に切り込んだ。衆議院議員だった野中広務もそれを応援した。しかし、中川のある「裏切り行為」によって二人は反目していく。

一九九二年に八木町長に就任した中川は、同和対策事業の利権と闘う改革派として活躍した。「私の武器はこの足だ。引きずって歩く不自由な足は私の名刺であると同時に武器でもある。福祉や同和問題で対立するとき、『差別だ』『障害を馬鹿にしている』などと主張する人は私の足を見てたじろぐ。『差別や障害の痛み、悲しみは私が身にしみてわかっている。その切なさを解決するためにはどうすればよいか話し合おう』。これが私の殺し文句だ」

中川が町長時代に書き下ろした著書『弱みを強みに生きてきた　この足が私の名刺』にあるこの言葉は、中川という人物を象徴すると同時に、彼が同和団体の利権に切り込むことができた理由を端的に表している。

同和利権問題に詳しいジャーナリストの寺園敦史が革新系月刊誌『ねっとわーく京都』（二〇

〇七年一一月号）に寄稿した記事によれば、中川が町長就任後に早速同和利権にメスを入れると、町役場に数百人の部落解放同盟員が押し掛けるという騒動が起きた。中川は職員らの最前線に立って同盟員らと対峙し、追い返してみせたという。

中川自身が暴漢に襲われ、足をハンマーで強打され入院したこともあった。暴漢が同和団体関係者だったかどうかは不明だが、同和行政を見直そうとした時期に起きた暴行事件が、中川へのプレッシャーになったことは事実だろう。中川はそうした圧力にひるまず就任から五年後に町独自の同和対策事業を全廃した。

タッグを組んだ中川の二枚舌を野中が許せなかった理由

京都府は部落解放同盟の力が強かった。当時は一般的だった、固定資産税の減免や道路の整備への補助などの措置で優遇するだけではなく、被差別部落関係者がつくる労働組合に、比較的楽に稼げる工事の仕事を回したり、運転免許の取得を助成したりしていた。

野中は被差別部落出身だが、京都府議会議員の頃、府の同和行政を厳しく批判していた。以下は七三年の府議会での発言だ。

「（府の）同和行政は、子どもがアメが欲しいと言えばアメをやり、銭が欲しいと言えば銭をやって黙らせるという同和行政であります」

「部落の中には、幾つかの差別に値する事象が残っておる。これを自ら解放することが部落を良くすることであり、差別を売り物にしたり、差別を商売や利権の材料にしたりすることがあるから、いつまでも差別が繰り返され、それが新しい差別を呼んでいくのです」

野中は自身が園部町長を務めていたときも、同和行政が新たな差別を生むことがないように細心の注意を払った。

たとえば、同和対策事業特別措置法に基づく補助事業を使えば被差別部落の道路整備を行うことができるが、他地域より先に道路が舗装されれば、「あそこは部落だから特別に優遇された」とねたみの対象になる。それを避けるため、被差別部落の道路を整備する際は「そこにいたる道を全て舗装するように予算をつける」（野中の著書『老兵は死なず　野中広務全回顧録』）ようにしていた。

かねて同和行政の是正に力を入れてきた野中だから、同和利権に切り込もうとする中川を応援するのは必然だった。

中川の同和行政についての主張は野中とほぼ同じだ。町長時代、寺園によるインタビューにこう答えている。

「同和地区の子どもを対象にした補習学級に補助金がついているとか、車の運転免許を取るのに補助金がついているとか、そういうことに税金が使われていると知ったら、地区外の人はおかしいと当然みるわけですよ。そこに新たな差別が生まれるが、同和問題への理解なんか絶対生まれない。そういう行政はやめなければならないんです。それはトップに立つ者の責任だと思います」

こうした正論を振りかざすだけでなく、実現するところに中川のすごみがある。

野中は「差別をなくす」という自らの政治理念を実現しようとする中川を陰に陽に支えた。地元関係者は「二人の関係が最も良好だったのはこの頃だった。野中は（中川を）利用できるならば利用しようという考えだった」と話す。

中川が町の同和対策事業の全廃に成功した翌年の九八年、野中は内閣官房長官に就任する。つまり野中が政治家として最も脂が乗っていたとき、中川の町政改革を支えていたのだ。

しかし、二人の蜜月は長くは続かなかった。

その背景には、中川が強引に国政選挙に出ようとしたり、京都府知事選挙に出馬したりと数多くの経緯がある（詳しくは本章で後述する）。ここでは、野中の中川に対する信頼を完全に失墜させることになった「政策的な対立点」についてまとめておきたい。

被差別部落ではない牧場の拡張で三・三億円の同和対策補助金を受給

問題は、「泰宏農場生産組合」（以下、泰宏農場）という中川の名を冠した八木町の牧場で起きた。泰宏農場が「小規模零細地域営農確立促進対策事業」という同和対策事業を利用し、牛舎の拡張のための三億三〇〇〇万円もの補助金を得たのだ。

問題だったのは、泰宏農場の所在地が被差別部落にはなく、事実上のオーナーである中川自身や中川の家族も被差別部落出身者ではないということだった。

それでも京都府と八木町（当時の町長は中川）は二〇〇一年度、泰宏農場の拡張に税金を投じることを決めた。

補助金受給のからくりはこうだ。当該の同和対策事業の対象となるには、農場が三戸以上で構成され、構成員のおおむね半数以上が被差別部落に在住している必要があった。中川は被差別部落出身者を泰宏農場の少額出資者として迎えることで補助金の需給要件を満たしたのだ。

泰宏農場の経営の実態を、前出の寺園が詳しく取材している。

同農場は一九八九年に中川と中川の弟によって設立された。寺園が入手した資料によれば、農場を構成する組合員一〇戸一四人のうち五人を中川本人と家族が占める。農場の資本金は五〇〇〇万円だが、中川本人がその半分の二四九〇万円を出資。家族分を合わせると出資額は四九五五万円に上った。つまり、中川ファミリー以外の組合員九人は一口五万円で合計四五万円を出資するのみで、泰宏農場の経営は資本金の九九パーセントを出資する中川ファミリーが握っていたとみられるのだ。

少額出資を行った被差別部落出身者は五戸六人だったが（府議会における府の説明では四戸四人）、このうち二人は八木町有数の建設業者社長、一人はサッシ業者で、畜産以外の職業に就いていたという（なお、泰宏農場は現在、協同組合から株式会社に組織変更している。資本構成は不明だが、二一年一〇月一八日に取得した登記簿には、取締役として中川の長女と次男、孫、おい、監査役として中川の妻の名が記されていた）。

こうした事情があるので、当然、補助金の予算承認に当たっては府議会、町議会でも論争になった。

府農林水産部長は、共産党所属の府議会議員の質問に対して「（泰宏農場の組合員となっている被差別部落出身者は）必ずしも（従来から）酪農をやっていた人たちではない」と答弁した。町議会での質疑で、中川は町長として、自身の家族が泰宏農場の資本金の大半を出資していることを認めた。

この問題には、そもそも泰宏農場は小規模零細地域営農確立促進対策事業の対象となる「小規模零細」といえるのか、という疑問もある。

泰宏農場は当時乳牛約一六〇頭を飼っていたが、これは京都府の平均飼養頭数三七頭の四倍を超える規模だ。

それでも、泰宏農場は牛舎のキャパシティーを四〇〇頭分へ拡張するのに必要な五億円の設備投資の「三分の二」に当たる三億三〇〇〇万円ものカネを国から調達することに成功したのである。

中川は農場の規模の問題を町議会で共産党から追及されると、「日本の農家はみんな零細だ」と開き直ったという。

中川の町長在任期間は一〇年にわたったが、中川が改革者だったのは同和利権に切り込んだ前半の五年間だった。筆者は、町長としての任期後半は、自らの利権をむさぼる政治家に身を落としていったとみている。

なお、中川一族は、同和対策事業の補助金を使って購入したとみられるトラックを悪質な「地上げ」にも使っていた。中川のファミリー企業が京都市の卸売市場で行った地上げにおいて、同企業は市場の施設を強制封鎖した後に違法認定されたが、強制封鎖に使う鉄パイプや針金を積んで現れたトラックには「農事組合法人泰宏農場生産組合　平成一三年度　小規模零細地域営農確立促進対策事業」と書かれていた（トラックの写真や地上げについての詳細は第三章の3参照）。

同和対策事業の悪用に手を染めた中川に対する野中の怒りはすさまじかった。〇六年に同和行政をテーマにしたあるシンポジウムで次のように語ったという。

「ことに私の近くの町で、現在衆議院議員になっているのですが、当時（八木）町長をしておった人物がいます。これは被差別部落（の出身者）ではありません。被差別部落の隣の隣の出身です。そこから出ている町長が、被差別部落の人間の名前を使って組合をつくり、牛の飼育をする牧場をつくって（中略）現に今もやっています。（中略）部落の人間をかましているから、この地域でも（同和対策事業を）やれる。そんなバカなことをやっておったら大変だ」（前出の『ねっとわーく京都』記事）

同和行政を利権の獲得やカネもうけに利用する中川の行為は、野中にとっては同志からの「裏切り」にほかならなかった。

中川は利権を獲得するためならば、町長として求められる節制など気にしないし（同和対策補助金三・三億円の受給）、JAグループ京都会長として農協組織を総動員し、ファミリー企業に利益誘導を行うこと（悪質な地上げ）も躊躇しない。

野中が中川の本性に気付いたときには、中川は小泉チルドレンとして衆議院議員になっており、もはや懐柔したり制御したりできる相手ではなくなっていた。

3 北朝鮮支援で一躍中央政界に名をとどろかせる

中川泰宏の知名度を一気に全国区に押し上げたのが、JAグループ京都が行った朝鮮民主主義人民共和国（北朝鮮）への食料支援だった。その支援を中川に持ち掛けたのは他ならぬ野中広務だ。野中は軽い気持ちで北朝鮮支援を中川に依頼したが、まんまと中川の政治的なパフォーマンスに利用されてしまった。

田舎の町長が全国区の「時の人」に

野中にとっての間違いは、一九九六年の夏、当時京都府の八木町長だった中川に一本の電話をかけたことだった。

中川は『月刊テーミス』（二〇〇一年五月号）で、野中からの電話の内容を明らかにしている。

「北朝鮮にコメを送ってくれないか（中略）国交もない、承知の通り普通の国ではないが、おまえならできる」

当時、北朝鮮は水害の影響などで食料危機にひんしており、子どもが餓死しているといった情報も伝えられていた。

この当時、野中は被差別部落出身者を優遇することで逆に差別を助長しかねない同和対策事業の廃止に向けて汗をかく中川に一目置いていた。

野中は対北朝鮮政策においても、同和行政改革と同様に中川を御せると考えていたようだ。しかし、北朝鮮へのコメ支援要請は結果的に、中川が政治力をつける絶好の機会を与えてしまうことになる。

中川が北朝鮮への食料支援を行った九六〜九七年は、彼が自民党公認で出馬を狙った参議院議員選挙（九八年）の直前である。

中川は農業指導などの名目でたびたび北朝鮮を訪問。ときには大勢の記者を従えて訪朝するなど、一気に全国区の知名度を得て中央政界にアピールすることができたのだ。

「日本人妻」の里帰りという手土産を民間外交の成果として強烈アピール

野中から北朝鮮支援要請を受けた中川の行動は速かった。早速京都府の農協にコメを提供させたり募金活動をさせたりして、コメ五五トンや乳児用粉ミルクなどを調達。物資の引き渡しのため九月には初の訪朝を果たしている。

それ以降、中川は七回も訪朝し、麦の作り方やヤギの飼い方といった農業指導を行った。この取り組みのグランドフィナーレは翌九七年七月の訪朝時、北朝鮮が、同国に渡ったままになっている「日本人妻」の里帰りを認める談話を初めて発表した場面だった。

日本人妻の里帰りは日朝政府間の懸案事項だったが、両国間の合意ができていなかった。その未解決案件を、中川は民間の立場で前に進めてしまったのだ。

その当時、日朝関係は冷え切っていた。

中川が記者を引き連れて訪朝する二ヵ月余り前の九七年五月、政府が、横田めぐみら「七件一〇人」の失踪について「北朝鮮による拉致と認識している」と国会で答弁したため、日本側の北朝鮮に対する姿勢は一気に硬化していたのだ。

野中は九〇年に金丸訪朝団の一員として初訪朝して以来、北朝鮮と交流を続け、日朝国交正常化に向けた議員外交の中心にいた。しかし、拉致問題が表面化したことで、議員外交は完全に行き詰まっていた。

「野中は当時、北朝鮮とのチャンネルを維持できればよいという考えだった」（日本政府関係者）。拉致問題により日本の世論は北朝鮮への怒りに満ちており、しばらく北朝鮮の出方を見るしかない局面だった。にもかかわらず、中川は政府与党への十分な相談もないまま日本人妻の里帰りや農業支援へと突き進んでいった。

中川は著書『北朝鮮からのメッセージ』に、交渉の経緯を誇らしげに書いている。

まず北朝鮮側から「どうしたら（JAグループ京都による五五トンといった規模ではなく百万トン規模の）コメ支援などで日本国民の理解が得られるか」と質問があった。

中川は回答として、（1）日本のマスコミの入国を認めること、（2）日朝関係のネックになっている「日本人妻問題」「拉致疑惑問題」を解決すること――という二点を挙げた。

すると、北朝鮮側が（1）を認めると言い、その結果、九七年七月に日本メディアの記者七人が同行する中川の訪朝が実現した。

同書には、さも偶然であるかのように、記者七人を従えて訪朝した際に、「突然、（朝鮮労働党が韓国や日本などの対外窓口として設置した）朝鮮アジア太平洋平和委員会のコミュニケとして、記者団に日本人妻を返すと発表した」との記述がある。

他方で「私はそれまでの交渉で、ある程度（北朝鮮が日本人妻の里帰りを認めると発表することを）予想できたが、記者の皆さんには何も言っていなかったので、突然、ビッグニュースが飛び込んできたことになる。当然、その日の日本の夕刊に大きく扱われた」とも記している。

中川は正直だ。それまで複数回訪朝していて、「偶然」メディアが同行した三回目の訪問時に大ニュースが発表されるというのは、いくら何でも「でき過ぎ」だ。

いま振り返れば、中川にメディアが利用されたということになるが、中川のマスコミ操作術も大したものだった。

メディア側としても、ベールに包まれていた北朝鮮を取材できる貴重な機会をみすみす逃すという判断はしづらかっただろう。

記者向けのニンジンもぶら下げられていた。訪朝に同行した記者の一人は、「現地で、北朝鮮の中堅幹部が『（拉致被害者の）Bさんに会わせられるかもしれない。アパートの角部屋にいる』と話すなど、期待を持たせる出来事があった。しかし、拉致被害者に会えたことは一度としてなかった」と打ち明ける。

中川は、北朝鮮が日本人妻の里帰りを認めると発表してから二日後の七月一九日、日本への帰国途中の北京空港で同行記者向けに会見を開き、関西と関東の出身者の日本人妻が第一陣として帰国する可能性が高いことなどを明らかにして再び脚光を浴びた。

中川は会見で、四月に訪朝した際、日本人妻の里帰り問題が解決を見なければ、日本からの食料支援ばかりでなく、ＪＡグループが進めようとしている農業支援も進めにくくなることを宋浩慶・朝鮮アジア太平洋平和委員会副委員長に伝えたことを明らかにした。

要は、自らの交渉によって北朝鮮から譲歩を引き出したことをアピールしているのである。

その後、実際に日本人妻は帰国するのだが、その一人は日本国内で「『日本に帰ることができたのは両国政府の計らいだが、半分以上は中川会長のおかげだと思っている』と、お礼の言葉を述べ、帰国できた喜びを集まった人たちと分かち合った」（ＪＡグループの機関紙『日本農業新聞』九七年一一月一二日付記事）という。

野中は、こうした中川の独断専行ぶりを苦々しく思っていた。前述の通り、野中が中川に依頼したのはコメ支援であって、日本人妻の里帰り交渉などではない。

ところが、世間からは、日本人妻の里帰りも農協の農業支援も野中の合意の下で、その「子分」である農協組合長の中川が実行しているものとみられていた。

中川と記者が帰国した後、こんなことがあった。京都市内のホテルのロビーで中川と記者が雑談していたところ、野中がどこからともなく歩いて来て、真剣な顔で「外務省の方針に背くようなことをするなよ」と中川に告げたのだという。野中は、北朝鮮で身勝手に振る舞う中川に、記者らの面前でくぎを刺したのだろう。

つまりは北朝鮮に利用されていた

日本人妻の里帰りで中川がさんざん手柄をアピールし終わった後の九七年一一月一一～一四日に北朝鮮を訪れた「森（喜朗）訪朝団（筆者註・野中も参加）」は、国交正常化と拉致の問題をセットで交渉するというスタンスになっていた」（著書『老兵は死なず 野中広務全回顧録』）。

そういった厳しいスタンスで交渉したこともあって、森訪朝団はめぼしい成果を上げられなかった（森は後年、訪朝時に拉致問題について、拉致被害者を「行方不明者」として第三国で発見する案を北朝鮮に打診していたことを明かす。北朝鮮から明確な回答はなかったという）。

森訪朝団は北朝鮮との合意事項として八項目を発表したが、その筆頭が「北朝鮮在住の日本人妻の里帰りは労働党より人道的見地から継続して行うと表明され、歓迎した」というものだった。中川による交渉の成果を与党議員らが後追いするかたちになったのだ。

翌九八年以降、日朝関係は悪化の一途をたどる。北朝鮮は中距離ミサイル「テポドン」の発射実験を行い、ミサイルが日本列島をまたいで太平洋上に落下。日本では反北朝鮮の世論が高まり、「北朝鮮と親しい」とみられている野中も非難を浴びた。対北朝鮮政策は野中にとって、労多くして功少なしの典型だった。

前出の日本政府関係者は中川による日本人妻里帰りの実現についてこう語る。

「はっきり言えば、売名行為に他ならなかった。拉致問題が明らかになり、日本政府や国会議員といった従来のパイプがなくなっていく中で、北朝鮮は中川にアメをやり、交渉チャンネルと情報源の一つとして利用していただけだろう」

なお、著書などで中川は北朝鮮から厚遇を受けたことをアピールしているが、実際のところ、そんなことはなかったようだ。

北朝鮮の実力者、労働党書記の金容淳（朝鮮アジア太平洋平和委員会委員長）とは複数回会談しているがあいさつ程度とみられ、日常的なカウンターパートは非主流派だった。

そもそも北朝鮮側から見て、大勢の記者を引き連れてやって来る中川の目的が売名であることは明らかだったのではないだろうか。中川が北朝鮮に送ったコメ五五トンは北朝鮮国民の飢餓を救うにはあまりに少なく、農業の指導も即効性は乏しかった。

北朝鮮の肥料不足について中川は、家畜のふん尿などから作る有機肥料の活用を指導した。これはこれで間違いではないのだが、足元で飢餓の危機に直面している北朝鮮が喉から手が出るほど欲しいのは、すぐに収穫を増やせる化学肥料だった。

食料援助で余剰米を処理してJA内の影響力を拡大

中川は北朝鮮へのコメ支援を、自らの知名度アップだけでなく、JAグループにおける影響力の拡大にも利用していた。

九七年当時、日本国内では約四〇〇万トンという近年まれにみる量のコメの在庫が積み上がろうとしていた。米価の下落が減益に直結するJAグループや農家にとって余剰米の処理が喫緊の課題だったのだ。

中川は、記者を引き連れての訪朝から帰国するや否や、JAグループで商社機能を担うJA全農の理事会で、北朝鮮への「コメ一〇〇万トンを支援」を提案し、承認されたのだ。JA全農はこの食料援助の実現を政府に要請した。

北朝鮮にコメ一〇〇万トンを送るとなれば数千億円規模の予算が必要になる。それに加え、政府は九五年にコメ五〇万トン（無償一五万トン、有償三五万トン）を援助したが、その後、発覚した拉致問題や覚醒剤密輸疑惑が解決していないことも食料援助の実現を難しくしていた。

結果として、中川がJAグループを動かして計画したコメ援助による余剰米処理は、一部が実現しただけに終わった。

自民党からの参院選出馬に向けて野中との交渉材料を探していたのか

中川は北朝鮮で、食料援助や日本人妻の里帰りなどの交渉だけではなく、別の目的を持って行動していたとみられる形跡がある。

中川の北朝鮮での行動を知る政府関係者によれば、「過去に議員外交で訪朝したことがある野中ら大物議員の現地での振る舞いや公にできない交渉などの情報を探っていた可能性がある。食料や農業とは明らかに関係がなく、会う必要のない北朝鮮要人と接触していた」というのだ。

野中は、懇意の記者などを使った情報収集で敵対する政党などの弱みを見極め、そこに切り込むため「政界の狙撃手」と恐れられた。中川はその野中に対して情報戦で挑む、恐れ知らずの男だったのである。

ただし、こと北朝鮮での情報収集に限っては、その成果は乏しかったとみられる。もし中川が野中らの隠された「北朝鮮利権」などをつかんでいれば、九八年の参議院議員選挙で自民党の公認を得るための交渉を有利に進められただろうが、結果的に公認は得られなかった。

隠しきれない「自己顕示欲」

九八年の参議院議員選挙の半年前に上梓された中川の著書『北朝鮮からのメッセージ』は、その発行のタイミングからして国政への進出という政治的野心を実現する目的で書かれたとみられ、実際に、政治家としての中川をアピールする文章であふれている。しかし、その中には「さすがに誇示のし過ぎ」で、逆効果になったのではないかと心配になる記述が散見される。

その典型が、九七年一一月に日本人妻の里帰り「第一陣」が実現した際の生々しい記述だ。中川は日本人妻に衣類をプレゼントしたり、食べ物を差し入れしたりするのだが、そうした自分の貢献ぶりを一つ一つ詳細に、余すところなく書いているのだ。

まず、日本人妻らは帰国後、東京・代々木の国立オリンピック記念青少年総合センターに宿泊したのだが、中川は「(同センターで) 用意してきた京都の和菓子を帰国者全員の一五人分、皆川さんに手渡した」と記している。「皆川さん」は日本人妻の一人だ。皆川の夫が、中川が町長を務める京都府八木町の出身だったために、日本人妻の里帰りの「第一陣」に入るように中川が北朝鮮に働き掛けて帰国が実現したという。このエピソードも自らの政治力の誇示である。

この後も、中川の太っ腹アピールは続く。

皆川は東京から京都へ移り、八木町を訪れる。その際、「北朝鮮の自宅の内装に使う道具を買いたい」というので、中川は地元の工具店に案内した。

その買い物について中川は、「買ったものは、ちょうつがい、釘、ドアの取っ手、まわりぐち、はばき、両面テープ、カーテン、カーテンレールなど。代金は私が払って土産にした」と仔細に書き残している。

代金はそれなりにかさんだだろうが、そこまで品目を細かく列挙する必要はあったのだろうか。

皆川はその夜、中川の自宅に一泊すると、翌日に再び東京に戻った。それを見送った中川は「皆川さんは、東京で友人にもらったという服を、日本に滞在中、さっそく身に着けていた。私があげたコートも、東京へ向かうときに着てくれた」と書いている。

以上の記述はいずれも同著で日本人妻の里帰りについて書いた六ページにちりばめられているのだが、中川の強い自己顕示欲をうかがわせる文章のほんの一部にすぎない。

皆川の帰国は、三七年ぶりに弟に再会できたり、墓参りをしたりと非常に意義深いものだったようだ。里帰りの実現に中川は少なからず寄与し、帰国に当たっても物心両面で中川が支えになったのは事実だろう。

だが、皆川個人にとって極めて重要なイベントである里帰りに乗じて、何らはばかることなく自らの手柄をアピールするその姿勢に、中川の尋常ならざる一面が表れていると感じるのは筆者だけだろうか。

4 国政進出を阻まれ、野中に「死んでも闘う」と宣言

中川泰宏は、町長を務めつつ、国政への進出を虎視眈々と狙っていた。一九九八年には参議院議員選挙に自民党公認候補として出馬を目指したが、自民党幹事長代理だった野中広務が首を縦に振らなかった。中川は、野中の選挙があれば、農協職員を動員して応援するなどして尽くしてきたが、そうした献身が報いられることはなかった。チャンスを逸した中川は野中への怨念を募らせていく。

野中は、選挙で勝つために欠かせないとされた地盤（組織）も看板（知名度）もカバン（カネ）もない状態から、自民党幹事長、内閣官房長官にまで上り詰めたたたき上げの政治家だ。その野中が、同郷の貸金業者にすぎなかった中川に地元の権力基盤を崩されたのはなぜなのか。

その要因は、政治とカネの問題や、中川のＪＡグループ会長就任を阻止しなかったこと（第三章の1参照）など多岐にわたるが、中川の恨みを買い、真っ向から対決する構図をつくったという意味で、一九九八年の参議院議員選挙で野中が中川に自民党の公認を与えなかったのは最も大きな出来事だった。

同年の参議院議員選挙で自民党は大敗し、橋本龍太郎内閣は総辞職に追い込まれた。その後誕生した小渕恵三内閣で野中は官房長官に就任する。結果的に、野中の肩書は選挙前の「自民党幹

事長代理」から「内閣官房長官」に格上げされた。

しかし、それは中央政界での話である。地元・京都では野中の凋落の始まりといっても過言ではない大敗を喫していた。三〇年以上自民党が勝ち続けてきた参議院の京都府選挙区の議席を失ったのである。

この選挙で、中川を自民党公認候補にするかどうかですったもんだしたことが、党の結束を弱め得票数の減少につながった。この敗戦を境に野中の求心力が低下してゆく。

参院選の自民党公認争奪戦で最有力なのに除外される

九八年、八木町長だった中川は国政へ進出したくてうずうずしていた。年齢は四六歳。気力体力ともに充実していた。

集票力にも自信があった。町長として町単独の同和対策事業を全廃するなど実績を残していた上に、組合長として農協の経営再建を果たし、JAグループ京都会長やJAグループ全国組織の役員に就任。農協組織内の独裁化を進め、選挙に職員を動員する体制も整えていた。

参議院議員選挙の自民党公認候補選定の混乱のきっかけは、九七年当時、自民党京都府支部連合会（自民党京都府連）会長だった谷垣禎一が、手上げ方式による「公募」という手法を初めて採用したことだった。これが思わぬ波乱を招くことになる。密室で公認候補を決めるより透明性が確保されるのは良かったが、「中川のような本命の実力者から記念受験のような泡沫候補まで次々と手を挙げ、収拾がつかなくなった」（自民党関係者）のだ。

おまけに、言い出しっぺの谷垣が途中で科学技術庁長官に就任したため、公認候補の選定に責任を持つ自民党京都府連会長を野中に引き継ぐことになった。「野中が当初から仕切っていれば公募などしなかっただろう。野中は貧乏くじを引くことになった」（同）。

公認争いは熾烈を極めた。中川以外に五人の府議会議員や京都市議会議員が公認候補の座を奪い合った。

野中がどんな裁定をするのか世間は注目した。

六人の応募者の中には、岸田文雄内閣で国家公安委員会委員長を務めていた参議院議員、二之湯智（当時は京都市議会議員、野中広務後援会連合会事務局長）など有力者もいたのだが、知名度や集票力、資金力では中川に分があった。

しかし野中は、北朝鮮への食料支援での中川の振る舞いなど（詳細は第四章の3参照）から、中川への警戒を解くことができなかった。

かといって、実績に劣る中川以外の五人から公認候補を選べば、中川が牙をむいてくることは必至だった。どの人物を選んでも党内にしこりが残り、挙党態勢を組めなくなる恐れがあった。

迷った末、野中が下した決断は、六人の応募者全員に降りてもらい、名前すら挙がっていなかった府議会議長、山本直彦に白羽の矢を立てるというアクロバティックなものだった。

野中は公認候補を発表した記者会見で、「それぞれの支援団体を持つ六人の公認申請者から一人に絞れば、党員確保や資金集めを含めた選挙態勢への影響が出る危惧があった」と述べた。

選考プロセスの妥当性については、「(公募に応じた）六人から一人に絞るのは困難で、波風を立てない方向で努力した。六人からは府連に一任するとの合意を得て、府内で幅広い支持がある山本氏にお願いをした」と説明した。

しかし、いくら自民党の長老である野中であっても、さすがにこの裁定には無理があった。「波風を立てないどころか、消えない対立を生むことになった」(中川の支持者)。

野中が六人を除外し、一度進めた先行プロセスを白紙に戻したのは、最も有力だった中川を選ばないための奇策だった。それを自民党関係者は見透かしていた。

選に漏れた六人は、自民党京都府連幹部らの面接まで受けてアピールしていたが、そうした努力は水泡に帰した。中川は面接で、「用意できる選挙資金の額まで明らかにするなど本気で公認を取りにいっていた」(前出の自民党関係者)。

中川が野中に送った、鮮烈な宣戦布告文

野中が山本を公認候補とすると発表したのは九八年一月一〇日のことだ。その四日前、中川が野中に「宣戦布告」の文書を送っていたことはあまり知られていない。

筆者が入手した文書の発信者は中川、宛名は「自由民主党京都府支部連合会会長野中広務様」となっている。

文書の内容に入る前に、そこに至るまでの間、中川と野中が繰り広げた神経戦について説明す

る。

前述の通り、野中は、公募に応じた六人全員から公認や出馬の判断について「一任」を取り付け、最終的に中川を除外した。

実は、野中はその過程で、中川以外の五人に公認を諦めさせる根回しをした上で、中川に対して自分に一任するよう強く求めていた。

「他の公認申請者については『公認の取り扱いについて一任』の誓約書をもらっている。同様に提出していただきたい」。前年の一一月、野中はリーガロイヤルホテル京都で中川と会い、こう切り出した。

中川は「(農協関係者がつくる政治団体) 京都府農協政治連盟から出馬要請を受けている。また公認要請は地元の（自民党）八木支部から出ているので、両者と相談したいので時間がほしい」と即答を避けた。

野中の選定の進め方に、中川は不信感を募らせていた。マスコミの間では、中川が公認の選定プロセスから降りたら山本が公認候補に指名されるとまことしやかに言われていた。

中川の懸念をよそに、野中は着々と外堀を埋めていった。

野中は一二月一九日、「早急に会いたい」と中川を呼び出した。場所は東京・永田町の自民党本部だった。赤い絨毯を歩いて中川が幹事長室に入っていくと、幹事長代理の野中が、日の丸を背にして迫るように言った。

「出馬問題について一任してほしい。中川さんから返事をもらわないと、公認申請を出している六人を平等に土俵に上げて議論することができない」

中川がマスコミの間で「山本の公認が既定路線になっている」という噂が流れているのを指摘すると、野中は「そのような話はない。山本（府議会）議長ともこの件で会ったことはない。また、公認申請をしている者のうち出馬しない意向を決めている人はいない」とはぐらかした。この三週間後には山本を公認することで決着させるのだから、野中も相当な狸と言わざるを得ない。

「一任の返事がすぐにほしい」とさらに迫る野中に、中川は「一二月二三日から、カンパで購入した苗木を持って北朝鮮に行くので年内は待ってほしい」と返すのがやっとだった。

宣戦布告文は、こうしたやりとりを経て、年明け一月六日に野中に届けられた。中川は文書の中で、「中川が降りたら、すぐに公認候補者を決定できる段階まできており、これではなんのため、自薦他薦で公認申請者を応募したのかわからない」「中川が出馬について野中会長に一任したらすぐに（自民党公認候補を）発表するようなことになっている（中略）その公認候補者は府議会議長の山本直彦氏といわれています」などと〝中川外し〟の術策はお見通しだと言わんばかりに野中をけん制。その上で、「私はこのようなことはないと信じ、正しく、平等・公正に選出していただけるなら、私の師でもある野中会長に一任したいと思います」と条件付きで譲歩した。

しかし、文書の終盤、中川は豹変したようにヒートアップする。

「農協政治連盟の役員、会員や後援会の会員に対し、私が、野中会長が常々いわれている『正義、面子をつぶさない』話ができるようお願いいたします。もし、ＪＡグループの面子がつぶされたり、無視された場合、今日までＪＡ運動に育てていただいた私としては、将来、損になるようなことになっても、また死んでも、野中会長の意に背いて闘うことを付け加えて、（野中が一任を求めたことに対する）ご返事とさせていただきます」

人と人が離反に至る経緯にはさまざまなかたちがあるだろうが、ここまで鮮烈な「師」との決別も、そうはないだろう。

選挙の惨敗が、火に油を注いだ

さらに人間関係をこじれさせたのは選挙の結果だった。参議院の京都選挙区は三年ごとに二人が改選されるが、二枠のうち一枠は五六年（保守合同による自民党結成の翌年）以来、同党が確保していた指定席だった。九八年の選挙も、「楽勝だろうと誰もが考えていた」（前出の自民党関係者）。

ところが、結果は惨敗だった。山本は、首位だった無所属の福山哲郎（前立憲民主党幹事長）に遠く及ばず、二位だった共産党の西山登紀子にも七万票近く差をつけられて落選したのだ。

自民党は大物参議院議員、林田悠紀夫引退直後の人材の端境期を突かれた格好だったが、本当の敗因は別にあった。端的に言えば、「公募の応募者六人とその支持者たちが選挙で山本を応援せず、〝ふて寝〟していたから」（中川の支援者）だった。応募者の個人名がメディアに取り沙汰されていたこともあり、選に漏れた六人は、「野中によって恥をかかされた格好になっていた」(同支援者)。

山本の落選というふがいない結果に、六人の中で最右翼だった中川が憤慨したのは想像に難くない。

「中川は『野中の跡目は俺が継ぐ』とあちこちで吹聴していた。野中から内々に承諾を得ているような言いぶりだった」(地元関係者)。それだけに、参議院議員選挙で露骨に排除されたことは腹に据えかねたようだ。ある野中の有力支援者は、「中川は野中に対する敵愾心を募らせていった。何度か会って話をしたが、われわれへの反感は収まらなかった」と話す。

もっとも、野中のように中川に不信感を持つ自民党京都府連関係者は少なくなかった。そのため、中川を公認候補にしないだけならば一定の理解を得られたかもしれない。

後々禍根を残したのは、参議院議員選挙の後、野中が衆議院議員選挙に二度も山本を擁立したことだった。山本は京都二区から自民党公認候補として立候補し、前原誠司（現国民民主党代表代行）に連敗した。

野中は、「『あいつ（山本）を国会議員にしないと、俺は死んでも死に切れん』と周囲に漏らしていた」(前出の自民党関係者)。

山本は地元の厄介事の調整に汗をかくタイプで、野中が好む昔かたぎの政治家だったことはたしかだ。だが、野中が山本に執着した最大の理由は、自責の念だった。

実は、山本は府議会議長をしていた当時から衆議院議員として国政に打って出るつもりでいた。その山本を無理やり参議院議員選挙で担ぎ上げて落選させてしまったことを、野中は後ろめたく思っていたのだ。

二〇〇四年の参議院議員選挙の際、野中は自民党京都府連の大会で六年前の山本の惨敗を振り返り、「山本さんの政治活動に拭い難い汚点をつけてしまったのはこの私だ。万死に値すると思っている」と強い言葉で自己批判している。

野中の山本への「償い」はその家族にも及んだ。山本の息子を秘書として雇っていたのだ。野中が政界を引退する際は、山本の息子に再就職先を紹介するだけでなく、わざわざ面接に同行までして

中川の国政進出の前に立ちはだかった自民党京都府連の幹部ら。京都には野中の他、全国レベルの人材として伊吹文明（写真左。自民党幹事長、志帥会会長、衆議院議長などを歴任）や谷垣禎一（同右。自民党総裁、幹事長、財相などを歴任）がいた。両者にとって中川はやっかいな存在だったろうが、伊吹も谷垣も「『地元のことは地元でやってくれ』と突き放し、中央での仕事に集中するタイプ」（自民党関係者）だったため、中川と真っ向から対立することはなかった

いる。このエピソードは野中の義理堅さを物語るエピソードとして自民党関係者らの間で語られているが、なぜ野中が山本にそこまで執心したのか、筆者には理解し難い。

事実として、野中は山本に国政にチャレンジする機会を三度も与えた一方、中川には挑戦するチャンスをやらなかった。中川には到底、承服できないことだった。

冷遇された中川は自民党を離党し、野中の政治生命を脅かした

中川はついに野中に反旗を翻《ひるがえ》した。〇二年の京都府知事選挙に自民党の制止を振り切って出馬したのだ。告示直前に離党しての劇的な立候補だった。

自民党は支持層が分裂する厳しい選挙を強いられた。ただでさえ京都府は七八年までの二八年間、共産党など革新勢力と協調する蜷川虎三府政が続いた土地柄だ。自民党は府議会議員時代の野中の奮闘によって府知事のポストをようやく奪還したが、〇二年の府知事選では逆に共産党が府政を再奪還しようと燃えていた。

この油断できない選挙で中川は造反し、保守分裂を招いた。

野中個人にとって、中川の立候補は泣き面に蜂だった。

知事選の直前に、官房長官の野中を官房副長官として支えた鈴木宗男が北方四島の人道支援を巡る疑惑で自民党を離党。鈴木の後見人だった野中にも批判が集まっていた。その上、野中の「子分」とみられていた中川の出馬を抑えられなかったことは、野中の威信に陰りが見えたこと

の象徴としてマスコミに書き立てられた。

つまり知事選は野中にとって絶対に負けられない大一番になった。野中は自らが事務総長を務めていた橋本派に支援を要請。同派幹部やその秘書ら数十人が大挙して京都入りし、選挙応援に投入された。

野中は選挙期間中、「政治生命を懸ける」と公言し、衆議院本会議や自民党総務会を欠席して地元で陣頭指揮を執った。石原慎太郎・東京都知事に応援演説を依頼するなど政界人脈もフル活用した。

そうした必死の選挙運動のかいあって、野中は何とか面目を保つことができた。自民党、民主党、公明党などの推薦を受けた副知事の山田啓二が四八万二一五八票を獲得して当選したのだ。共産党が推した弁護士の森川明は三九万一六三八票にとどまった。

『神戸新聞』によれば、選挙当日、山田当選に沸く選挙事務所で、野中は「うっすらと涙を浮かべ『とにかくほっとした』と語った」という。

片や、中川は、この選挙で九万九一四四票を集めた。『京都新聞』が選挙後に掲載した記者座談会で、「中川氏は『一五万票はいく』としていたから物足りない票だろう」と総括されているので、目標とした得票数には届かなかったようだ。

しかし、中川にとってこの選挙は国政進出に向けた一里塚となった。農協の基礎票が底堅いことを示せただけではなく、ＪＡ京都中央会の職員らが選挙の司令塔としての経験値を積みレベルアップしたことが大きな成果だった。

時代も中川に味方していた。野中は知事選には勝ったものの、その翌年には小泉純一郎の自民党総裁再選を阻止しようとして失敗。政界引退を余儀なくされた。その後も構造改革を掲げる小泉に苦言を呈し続けたが、政治に変化を求める世論には抗えなかった。

5　小泉純一郎の加勢で、野中陣営に薄氷の勝利

国政への進出を模索していた中川泰宏だったが、政敵の自民党元幹事長、野中広務に阻まれ続けていた。だが、二〇〇五年に千載一遇のチャンスがやって来た。当時の首相、小泉純一郎による「郵政選挙」である。中川はこの機を逃さず刺客として野中の後継者に挑んだ。

前述の通り、〇三年、野中は政界を引退した。野中自身は国会議事堂に雷が落ちたのを天啓のように感じたことが引退のきっかけであると語っているが、実際は政敵である小泉純一郎との戦いで刀折れ矢尽きたからに他ならなかった。

野中は同年九月、小泉の首相続投を阻止しようと政治生命を懸けて自民党総裁選に臨んだ。しかし、仲間であるはずの平成研究会の有力者（当時の参議院幹事長の青木幹雄や同派閥会長代理だった村岡兼造）が次々と小泉陣営に取り込まれていくのを見て、自らの政治力が衰えていることを認めざるを得なかった。

「早過ぎる」と惜しむ声が多かった野中の政界引退に、中川の存在が影響していたとみる京都の政治関係者は少なくない。野中は、金庫番として頼ってきた秘書が電子機器メーカーなどから約五〇〇〇万円の提供を受けていた問題が浮上するなど弱みを抱えていた。このような野中の泣きどころを探し出し、地元・京都での影響力をそぐのが中川の役割だった。中川は、小泉一派が仕

込んだ「毒針」だったのだ。

野中の地元、京都における権力基盤の継承もうまくいかなかった。野中は政界引退を発表した際、七七歳だったが、「その年になるまで本人自身が最前線で戦っていたため、後継者候補となる後輩らが修羅場を経験できず、後進が育っていなかった」(自民党関係者)。

野中の地盤である京都四区の後継者を誰にするかは自民党関係者にとって悩みの種だった。野中の長女を推す声もあったがたたき上げの政治家である野中は従来、世襲に否定的だった。ある側近は「野中の長女は政治家の資質があった。シンプルに世襲していれば中川泰宏に好きなようにはさせなかっただろう。だが、野中は娘に継がせたがらなかった。自分の子や孫にまで中川と戦うリスクを負わせたくなかったのかもしれない」と悔しそうに語る。

結局、亀岡市長を務めていた田中英夫が後継指名を受け、京都四区を引き継いだ。田中は〇三年一一月の衆議院議員選挙で難なく当選した。しかしこれは田中にとって苦難の始まりにすぎなかった。

田中は〇五年に衆議院本会議での郵政民営化法案の採決で反対票を投じたため、同年の衆議院議員選挙(いわゆる郵政選挙)で自民党公認を得られなかったばかりか、党本部から刺客を立てられてしまう。

その刺客こそ、一九九八年の参議院議員選挙における自民党公認候補の選定で野中から排除されて以来、逆襲の機会をうかがっていた中川だった。ついに野中は、自らの牙城である京都四区に攻め入られることになった。

中川擁立に、JA全中や農水省の幹部は「うちの組織が壊れる」と大反対

郵政民営化法案に反対した造反議員に対して送り込まれた刺客としては堀江貴文（当時はライブドア社長）や小池百合子といった著名人が注目されたが、政治的に最も重要なのは、「郵政族のドン」だった野中の本丸、京都四区の刺客だった。

小泉の側近で刺客の選定を任されていた首相秘書官、飯島勲は田中に勝てる候補者探しに腐心していた。京都四区では現役を退いたとはいえ野中の人気がいまだ高く、手足となって動く地方議員たちも多い。土地にゆかりのない落下傘候補では太刀打ちできないことは目に見えていた。

そうした状況で、中川に白羽の矢が立てられるまでの経緯は、大下英治が著した『野中広務　権力闘争全史』に詳しい。中川は大下の取材を受け、同書が発行されると親しい支援者らに献本までしているので、同書は中川の立場から見た郵政選挙の「正史」だといえる。

同書によると、自民党は財務省のキャリア官僚を京都四区の公認候補にすることを決定していた。ところが、ある〝著名な人物〟が飯島にかけた一本の電話で、公認候補の決定がひっくり返ることになる。

その人物は、「毒（野中一派）を制すには毒が必要だ。毒に餡蜜《あんみつ》（財務官僚）は似合わない」と語ったという。

飯島は聞いた。

「どれくらいの毒が必要か？」
「猛毒が要る」
「猛毒とは、誰ですか？」
「ＪＡ京都の中川というのが、（筆者註・野中一派の）田中に対して猛毒になる」

中川を「猛毒」と表現した著名な人物は相当な見識の持ち主に違いない。なぜなら、野中の牙城に送り込まれる刺客は極めて厳しい選挙を戦わなければならないし、仮に当選できても京都の自民党議員のほとんどは野中の息が掛かっており、四面楚歌になることは目に見えている。相当にタフでなければ刺客は務まらない。その任に堪えるのは中川をおいて他にいなかった。

飯島は全国の農協を束ねるＪＡ全中の専務、山田俊男（現参議院議員）に中川の評価を聞いた。同書によれば、山田は開口一番にこう言ったという。

「あの中川会長だけは、止めてください。（中略）あの人に（国会議員の）バッジがついたら、農協組織が潰れちゃう。壊れちゃう。だから、絶対に止めてください」

飯島は小泉に、山田の中川評を伝えた。小泉はＪＡグループを牛耳るＪＡ全中の専務にここまで言わしめる中川に興味を示したという。

さらに、飯島が農水省の事務次官、石原葵に中川を擁立する可能性を伝えると、石原は農水省から首相官邸に飛んで来てこう言ったという。

「私は、次官として、省の代表として、飯島秘書官にお願いします。あの中川さんだけは、頼むから止めてください。毒どころじゃない。農水省の組織が壊れちゃう。すでに公認することになっている財務省のキャリアでいいじゃないですか」

かくして中川の〝猛毒ぶり〟が証明された。小泉は、「至急捕まえて、会え。面接しろ。公募の第一号でも、何でもいい」と中川の擁立を飯島に指示したという。

野中広務が伊吹文明に放った恫喝

郵政選挙の公示日八月三〇日を迎える前から、野中と中川の鞘《さや》当ては始まっていた。

野中は同月一八日、京都市の自民党京都府連で記者会見を開き、「(中川は〇二年の) 京都府知事選挙で自民党に反旗を翻した人だ。党本部はその経緯を咀嚼しないまま公認した。私は先頭に立ってやります」と宣戦布告した。

会見という表舞台でこのヒートアップぶりである。あまり知られていない事実だが、舞台裏ではもっと緊迫する場面があった。

場所はやはり自民党京都府連の会議室だった。同府連会長だった伊吹文明ら京都府選出の国会議員が居並ぶ幹部会議で、野中は「もし府連が中川を全面的にバックアップするなら私は京都一区から出ます」と啖呵《たんか》を切ってみせた。

野中は国政から退いた後、自民党京都府連の顧問を務めていた。前述の野中のセリフは、京都府連が郵政選挙で中川を応援するならば、離党してでも自らの古巣と徹底的に戦うという覚悟を示したものだった。そして、よりによって野中が出馬すると言った京都一区は自民党京都府連の会長である伊吹の選挙区なのだった。

野中の発言は、国政を引退した顧問が現役の執行部に対してクーデターを起こす可能性をちらつかせる脅迫に近いものだった。野中は当時七九歳である。野中には『老兵は死なず』『私は闘う』という著書があるが、まさにそのタイトルを地で行く一世一代の賭けだった。

野中が啖呵を切った後、会議室は水を打ったように静まり返った。伊吹はしばらく間を置いて「そんなこと（中川への全面的な支援）はしません」と言うのが精いっぱいだったという。

自民党公認候補として京都4区から衆議院議員選挙に出馬することが決まり、同党幹事長の武部勤（右）と報道各社の質問に答える中川泰宏（写真提供：共同通信社）

結局、自民党京都府連は中川も田中も推薦せず、どちらを支持するかは党員らの自主判断とした。中川を公認候補にした党本部の方針に背く決定であり、田中を応援することを事実上容認したに等しかった。

野中はさっそく地方議員や首長らを糾合し「田中を支持すること」を〝確認〟した。

いよいよ中川と野中の直接対決

野中と中川の舌戦は公示前から、紳士的といえるラインをあっさりと越えた。

八月二一日の田中の事務所開きで、野中は中川について「知事選の時に自分が離党しただけでなく、一八八人の農協関係者を集団離党させた。自民党に弓を引いた人だ」と露骨に批判した（『毎日新聞』〇五年八月二五日付記事）。

中川も負けていない。会見を開いて、「（野中が）あちこちで事実に反した悪口を言っている」と激しく反発した（同記事）。二人の言葉の応酬を聞いた同紙記者は、「事態はまさに『仁義なき戦い』の様相を呈している」と当時の空気を表現した。

自民党の組織も、野中と中川との間で板挟みになって混乱した。田中は以前からある「党府第四選挙区支部長」を務め、中川はそれとは呼称の異なる「党府衆議院選挙区第四支部長」に就任するといった具合だ。田中は京都四区内にある地域支部が分裂したり、中川に乗っ取られたりするのを防ぐため、支部組織の活動を休止せざるを得なかった。

中川陣営にとって勝敗の行方は、京都四区の都市部である京都市の右京区と西京区でどれだけ圧勝できるかに懸かっていた。選挙区内のその他の地域はほぼ農村部といってよく、昔から野中の票田だ。中川は農村部を捨て、都市部で勝負する戦略を取った。

都市票の掘り起こしの最終兵器が、小泉本人が京都入りしての応援演説だった。選挙期間中、小泉は二度も〝上洛〟し、演説を行ったのだ。小泉は公示翌日の八月三一日に京都市の烏丸御池の交差点に、九月六日にリーガロイヤルホテル京都にやって来て、ともに四〇〇〇〜五〇〇〇人もの聴衆を集めた。

とりわけ選挙戦終盤に行われた二度目の来援時の熱狂は、京都の政治関係者の語り草になっている。自民党総裁が全候補者のために演説をすることは物理的に不可能である。それゆえ、一人の候補者のためだけに総裁が遊説に行くことはタブーだ。にもかかわらず、小泉の二度目の来援は、京都四区の中川のためだけに行われた。

当日は大型の台風一四号が接近する悪天候の中だった。それでも四〇〇〇人の聴衆が集まり、メインの会場に入りきれないほどだった。自民党員はほとんど野中陣営のほうへ流れてしまっていたため、聴衆のほとんどは小泉を一目見ようと集まった一般市民だった。皆、小泉の登場を今か今かと待ちわびていた。

小泉の到着は台風の影響で遅れていた。木曽利廣（中川の高校の同級生。野中シンパの地方議員だったが、郵政選挙では中川を支援した）らが前座として間を持たせていたところ、ホテルの外が何やら騒がしくなった。

「小泉さんは来られなくなった。解散です」

「総裁は来ないから帰れ」

何者かがデマを流して、演説会を妨害しているのだった。

マスコミの世論調査では、自民党の優位が伝えられ、野中陣営は小泉来援に危機感を募らせていた。中川陣営の幹部は「演説会場内には一〇〇人ほどの野中関係者が偵察で入り込んでいた。デマを流してかく乱していたのが野中関係者だったとしてもおかしくはない」と語る。

ようやく小泉が現れたのは予定より約三時間遅れの午後八時三〇分過ぎだった。

小泉が中川と握手を交わし、演壇に上がると会場の熱狂は最高潮に達した。小泉は三〇分に及ぶ大演説を行い、メイン会場だけでなく、予備の会場にも足を運んだ。ＳＰは止めたがっていたが、小泉は、聴衆一人ひとりと握手をして回った。「勝負師」と称された小泉はこのとき、完全に戦闘モードに入っていた。野中陣営にとどめを刺しに行っていたのだ。

小泉ばかりでなく、中川もハイテンションだった。中川は、「（首相秘書官の）飯島さんが私を小泉総理につないでくれたからここまで来られた。そして、選挙戦で戦ってこられたのは小泉総理のおかげです。郵政民営化は必ず実現させる」と、演壇で声を張り上げた。

京都でも小泉旋風の威力はすさまじかった。「京都市内の三条通や四条通を選挙カーで走ると、両側の店などから人が湧いて出てくる。目にしたことがない異様な風景だった」（同幹部）。

そしていよいよ運命の九月一一日――。西大路三条駅前の中川の事務所では支援者がテレビの開票速報を食い入るように見ていた。

中川陣営にとって不安だったのは、新聞記者やテレビクルーの大半が田中の事務所に詰めていて、中川のほうには数人しかいなかったことだった。

しかし、二位だった中川が一位の田中との差を詰め始めると、ちらほらと報道陣が中川のほうへと移動を始め、比例代表での当選が確定すると、雪崩を打ったかのように大移動が起きた。中川が一位に浮上したのは二三時すぎだった。田中との差はわずか五〇票。次いで八〇票差、一一〇票差と差が広がってゆくのを、「奇跡が起きるのを見るような気持ちで見守った」（同幹部）。

中川勝利のニュースが届いたのは日付が変わってからだった。最終的な開票結果は中川が七万五一九二票、田中が七万五〇三六票――。一五六票という僅差での勝利だった。最後の小泉演説がなければ正反対の結果になっていてもおかしくなかった。

地域別の得票率は、中川陣営の戦略が的中したことを物語っていた。中川の得票率は都市部（京都市の右京区、西京区）で田中を一〇ポイント近く引き離し、逆にそれ以外の農村部では田中が二〇ポイント超上回る結果となった。だが、有権者の実に七〇パーセント超が都市部の住民だった。

そして、中川に選挙の戦略・戦術を指南したのが他ならぬ飯島だった。前述の大下の著書によれば、中川は一五分置きに飯島に電話して情勢を報告し指示を仰いだという。飯島は中川の電話攻勢にさすがに音を上げ、中川専用の電話対応職員を雇ったのだが、その職員は三～四日で寝不足になりダウンしてしまったという。

中川はそうやって飯島と擦り合わせた作戦を、ＪＡ京都中央会の職員らに実行させた。選挙の統括責任者はＪＡ京都中央会専務の小瀧茂が務めた。職員のモチベーションは高かった。「当時は会長を当選させれば自分の未来も開けるような高揚感があった。組織内は活気にあふれ、イケイケだった」（ＪＡ京都中央会関係者）。

片や田中陣営は、地方議員や秘書を総動員して一糸乱れぬ選挙戦を展開したが、小泉人気にはあらがえなかった。選挙戦終盤、中川の勢いを察知した野中は、一〇〇〇人以上が集まった田中の演説会で土下座までしていた。老骨にむち打って四〇分以上演壇に立ち、中川を批判する姿には鬼気迫るものがあったという。

小泉や飯島の支援があってこそのこととはいえ、中川はかつて仰ぎ見ていた地元の大先輩で、「影の総理」とまで呼ばれた野中をそこまで追い詰めていた。

野中は敗戦の弁で「この票差が府連の存在にどう影響するのか心配だ」と組織の分裂を危惧するとともに、自身の離党の可能性を示唆した（『毎日新聞』〇五年九月一三日付記事）。

自民党京都府連での復党審査で「こわもて」キャラの刷新を誓う

野中の懸念通り、〝戦後〟の自民党京都府連は大混乱に陥った。まず、郵政選挙で口を極めて批判してきた中川を復党させなければならなかった（中川は〇二年の京都府知事選に自民党の制止を振り切って出馬した際に離党していた）。

中川の復党のプロセスからは、選挙戦で敗れた以上、党本部の意向に渋々でも従わなければならない自民党京都府連幹部の苦悩が見て取れる。以下、自民党関係者への取材から、中川復党の経緯を明らかにする。

第一に、自民党京都府連は「武部（勤）幹事長から『中川氏を京都で入党させてもらえないか』との話があった」ため、中川の復党を検討せざるを得なくなった。

そこで、京都府連は中川と面談し、復党について審査する党紀委員会を開くことにした。以下は同委員会での当日のやりとりの一部である。

党　〇二年の知事選挙の際、告示直前にあえて立候補された真意をうかがいたい。

中川　当時は自民党を支える一人であり、ＪＡ会長の立場でもあったが心意気に燃え、京都が好きとの思いで出馬を決意したが、自民党に迷惑を掛けてはいかんと考え離党した。大変迷惑を掛けたことにお断りを申し上げたい。

党　あの選挙に四人が立候補したが事実上三極選挙であり、私たちは共産党候補を利することにならないか心配し、組織の結束に腐心した。友党や支援団体にも大変迷惑を掛け信頼を損ねた。

中川　友党の皆さんには、私が至らなかったことについてお断りを申し上げたい。それから一

党　回目の会議の際、ＪＡグループとしては、荒巻（禎一）知事にもう一回（続投して）最後の改革を進めてもらうべきではないかと発言したことを覚えている。しかし、自民党の党友の皆さんにご心痛を与えたことには心からお詫び申し上げたい。

中川　中川議員が（郵政選挙で）「党公認候補」に決定されるに当たり、党本部との間でいろいろなやりとりがあったと思うが、あなたは当時の事情（京都府知事選挙で造反し、離党した経緯）について党本部に話をされたか。

党　そのことは申し上げたし、本部でも私の身体検査を十分されておりご承知であった。

中川　中川議員は現在も職域・農業団体支部長の立場にあるが、〇一年に一八八人の所属党員がいたので知事選挙後、府連は再三にわたって党費納入の催促をしたが、「支部長（中川）の指示がない」との繰り返しで〇二年の党費は納入されず全員が離党となった。以来、三年間同支部は党員ゼロで「幽霊支部」となっていたが、その責任についてうかがいたい。

党　職域支部は残したいと思っていたものの、当時私は離党し心の行き違いもあり自民党からも厳しく言われたため、そのときは全員離党となったが、「それぞれ個人で自由に入りましょう」ということにしたので入った人、入らなかった人があったと思う。

しかし東京の農業団体本部は、自民党と共に歩んでいくという方針であるので、今も職域支部は残しているということである。

中川　意見の相違が出てくることはあり得るが、そうしたときに「(党を）飛び出す」というのでは今後仲良くやれるかどうか心配だ。また、前回の知事選挙で一定の結果を出されたが、それ以上に（次の知事選挙で自民党のために）がんばる気持ちをお持ちか。

中川　私は小泉学校の生徒として、小泉総理から「今日の友は明日の敵」ということをよく言われる。「自民党はよく激論するが、今日は意見が合っても明日は違うかもしれない。でも時代の流れをよく見よ。これを見誤ると大変なことになる」と指導いただいている。私自身、政党の中にあってもそれぞれ主義、主張、思想に違いがあるわけで、議論の結果、合わないからといって、飛び出すとか、新党をつくるとか、違うことをするということは絶対にしないことを約束する。

議論は議論としてやるが、仲良く歩んでいきたいし、このことが府民の幸せになり、自民党がしっかりすることが大前提と認識している。

知事選挙に関しては、自民党が候補者を決め小泉総裁の判断が下れば、私もその一員としてがんばることを約束する。

党　選挙区支部長に選任されたが、京都市の右京区、西京区を含め亀岡・船井郡の各支部長や議員の先生方と過去の経緯をきちんと整理してがんばっていただけるのか。また会長・幹事長の下で、府連の発展のために努力していただけるのか。

中川　このたびは亀岡を中心に大変なご心痛を与えたことに重ねてお詫び申し上げたい。私は当選後、丹波は地元であるので後援会づくりや報告会を行いつつあるが、京都市内の右京区、西京区の先生方に大変なご心痛を与えましたので市内での行動は控えてきたが、先般リーガロイヤルホテルに五三〇人の方にお集まりいただき一万円の食事会を開いたのが初めてである。

まだポスターも張っていないが、できる限り右京区、西京区の先生方にお詫びとお断りと反省の言葉を申し上げ、仲良くやらせていただきたいというのが私の基本的な心であるのでご理解いただきたい。

二つ目の質問に関しては、組織であるので会長・幹事長のご指導をいただきながら、私自身も務めをしていきたいと考えているのでよろしくお願いしたい。

党　中川先生の処遇が決まった場合に、田中先生の地元・亀岡支部としての対応が非常に難しくなるのではないか。

中川　まず田中先生の関係でありますが、私は（自民党公認候補の）公募の前に田中先生に連絡を入れて「総理と話し合いをされたらどうですか。でないと私が（衆議院議員選挙に）出ますよ」と申し上げたところ、「ちょっと待ってくれ」とのことだったので、以前から親交のあった栗山（正隆）亀岡市長に仲介をお願いしたが、結局断ってこられた。

それからもう一度、リーガロイヤルホテルで、二時間ほど二人で話し合ったが結論には至らず、その翌日、公認決定の前にもう一度連絡し「できるだけ礼儀を尽くした」つもりだが、結果的に対抗して出たわけだから田中さんに痛みを与えたのは事実でありおわび申し上げたい。

当選後に栗山市長を通じて「ご心痛を与えたことにおわびを言うとともに、仲良くしていただけませんか」と申し上げた。「自分一人で判断できない」とのことだったが、都合をつけていただければいつでもお会いして話し合いたいと思っている。

党　問題は右京区、西京区の府議会議員、市議会議員との融和であるが、簡単ではなくハードルは相当高い。どういう方法で融和を図るのか。中川さんが復党されたら「自民党をやめたい、支援したくない」との意向が女性の中に相当強い。中川さんは衆議院議員としての活動はできても、次の選挙は相当厳しいのではないかとも思うがご意見をうかがいたい。

中川　私は（郵政選挙で）亀岡市以北は、あまり荒らさない方針で京都市内を中心に運動したので、市内の先生方とは大きくぶち当たったことをおわび申し上げたい。

お話のように、仲良くさせていただくまでには相当ハードルが高いというのは当然のことと思っている。時間がかかると思うが、融和を図るため先生のお力もお借りして京都四区の先生方との出会いと懇談の場を設け、京都四区をどうしていくかについてもご意見をうかがいたいと思っている。

女性のほうに離党の流れがあるとのことですが、私は昔から「こわもて」で通っている男であるが今後十分に配意し、ご意見もうかがいながらそうした意識を取り払う努力が必要と思っている。

以上の質疑応答からは伝わりにくいが、こわもての中川を問い詰めた党紀委員の声は震えていたという。それだけ京都府の政治家の間で中川は異色の存在だった。「町長時代に襲撃に遭うなど暴力を乗り越えてきた中川に対して怯む気持ちがあった。党紀委員と中川とでは正直、役者が違うという感じだった」（自民党関係者）。

中川は結局、復党を許された。それから四年弱にわたって衆議院議員を務めるが、地元京都での孤立は続いた。野中一派との融和など実現するはずもなく、地方選挙のたびに、野中と中川の「代理戦争」が繰り広げられることになった。

6 「使い捨て」にされた改革者

中川泰宏は二〇〇五年の郵政選挙で政敵、野中広務の後継者を破り、念願の国政進出を果たした。だが、衆議院議員として中川が大成することはなかった。小泉純一郎が進めた構造改革の揺り戻しが起こり、中川ら小泉チルドレンは永田町で孤立していく。

郵政選挙から一〇〇日後の九月二一日、中川は一張羅のスーツを着て国会に現れた。議員バッジを着け、「中川泰宏」と書かれたボタンを押す初登院のセレモニーを済ませると、すぐに記者たちに囲まれた。郵政選挙で郵政族のドン、野中の後継者を破って勝ち上がってきた中川は時代の寵児だった。

「私たちはいま時代の変革期に立っている。（中略）現実に合わなくなった旧来のシステムを変える勇気が問われている。族議員、官僚主導システムも高度成長にはそれなりに合理的なものでした。（中略）従来のシステムは既得権益を守る手段となっています。このままでは日本の未来は暗いものとなる。行動を起こす時です」

中川は記者らの前で一席ぶった。いかにも小泉チルドレンらしい演説であり、構造改革を行う決意に満ちている。実際、当時は国民から支持される政治姿勢だった。

地元京都でも一定の求心力を持っていた。野中派の議員らの一部が中川派にくら替えしたのだ。野中が京都府副知事から衆議院議員に転じてから二〇年超にわたり続いた野中一強の政治状況はさすがに長過ぎ、世代交代を求める声は少なくなかった。派閥政治や既得権益との癒着といった古い政治のイメージが野中にはつきまとっていた。

中川派に乗り換えたある地方議員は、「野中は自分を超える可能性がある若手を抑え込んできた。唯一、つぶされなかったのが中川だ」と打ち明ける。

幼少期からの反骨を野中にぶつけ、対立軸を鮮明にすればするほど、アンチ野中の支持が集まることは中川も意識していた。大下英治の著書『野中広務　権力闘争全史』でこうコメントしている。

「自分が野中さんに歯向かっていたことによって周りから気骨のある奴として、信頼されたところもあったと思う。ある意味では、野中さんには感謝せなあかんなと思っているよ」

アンチ野中の声を掘り起こし、結集していけば、中川は京都の政治を変えられるかもしれなかった。

野中の大物秘書を採用するも機能せず

前述したように、京都府内の自民党議員のほとんどは野中の息が掛かっていた。郵政選挙後、そういった野中一派の議員らの度肝を抜いたのが、中川が野中の元政策秘書を採用したことだった。

野中の秘書だった井嶋隆は、小泉純一郎の秘書、飯島勲と肩を並べる存在として「西の井嶋、東の飯島」といわれるほどの切れ者だった。

井嶋は京都府職員として、府副知事だった野中の秘書を四年間務め、能力を買われた。野中が国政に進出する前に「府庁を辞めて私の秘書になってくれ」と野中から請われて以来、二〇年近く野中に連れ添った。表も裏も知り尽くす最古参の側近だった。

地元関係者は、「井嶋は府知事選挙の選挙事務所で個室を与えられ、応援に来た国会議員を事実上、指揮していた。それほどの大物だ」と話す。

だが、野中の政界引退と前後して井嶋と野中の間はしっくりいかなくなっていたようだ。二〇〇八〜一〇年にかけて行った野中へのヒアリングに基づいて御厨貴らが著した『聞き書 野中広務回顧録』に井嶋に関する記述がある。

野中は「彼は、僕が官房長官の時に、『頼むから（首相官邸に勤務する）秘書官にしてくれ』と言ったんだ。よっぽどそうしようかと思ったけれど、東京の雰囲気を知らない人間（井嶋は東京での政治活動で忙しい野中の留守を預かる地元秘書だった）が官邸に入ってきて、一からやらなければならんというのはやっぱり無理だし、あえて京都においた（ままにした）」と井嶋との擦れ違いの経緯を明かしている。

野中は続けて、「その秘書は僕が（衆議院議員を）辞めるまでは（事務所に）おったけれど、いま僕の正面の敵になっておる郵政刺客の中川泰宏の秘書に行っておる。みんなびっくりしていますよ。人間としてできないことだと」と恨み言を言っている。野中が現役の頃は、「野中の政敵は小泉、後ろから鉄砲を撃ってくるのが中川」といわれていた。だが、政界引退後は、野中自身が中川を〝正面の敵〟と呼ぶようになっていた。

井嶋は、中川の京都事務所で勤務することになった。地元秘書は議員の代理でさまざまな会合に出席するが、そのたびに野中の子分たちと顔を合わせる。「中川に寝返った裏切り者」として井嶋を見る者もいただろう。それでも井嶋は、中川のために働く道を選んだ。

ところが、中川は井嶋という逸材をうまく使いこなすことができなかった。

中川の支援者によれば「中川は井嶋の上に自身の姉を置いた。事務所を切り回す経験・能力は井嶋のほうが上だったろうが、彼を信用して任せ切ることができなかった。結果、事務所は二頭体制になった。お姉さんにとって不慣れな仕事だったこともあり、支援者の離反を招いた。最終的にツートップの両者ともいなくなっていた」という。

中川の猜疑心の強さは、政治活動全般にも影響した。ある自民党関係者は「中川は肉親のことは信じるが他人は疑ってかかる。幼少期にいじめられたトラウマが影響しているのかもしれない。そのせいか、中央政界でも大物政治家に腹を見せて甘えることができなかった。永田町ではある程度、隙がないと先輩からかわいがられない。中川の隙のなさがあだになったと思う」と話した。

自宅未登記、納税問題などで信用失墜

〇七年には不祥事も起きた。

中川が、京都府南丹市八木町の自宅を長年にわたって不動産登記せず、固定資産税や不動産取得税を支払っていなかったことが発覚したのだ。

中川の自宅は高い石垣と威圧感のある門に囲まれている。農村の中で異彩を放つ豪邸の上空をマスコミのヘリコプターが飛び交った。小泉チルドレンのスキャンダルに、世論は沸き立っていた。

問題となったのは敷地内の全六棟のうち母屋一棟と事務所二棟の計三棟だ。

木造二階建ての母屋は一九八八年に新築した後、中川が国会議員になるまで未登記だった。「二〇歳の頃から趣味で建て始めた」という事務所二棟（鉄骨三階建て）について中川は「六、七年前から事務所として使っている。（使用実態があれば登記の有無にかかわらず課税対象になるため）税金を払いたかったが、完成していない建物だからと役所に断られた」と説明した。

中川の自宅で開かれる誕生日パーティーに招待された人物によれば、「鉄筋がむき出しになっている柱があるなど建築途中である演出のような部分が散見された」という。

南丹市は課税漏れがあったことを認め、〇三〜〇六年度分の固定資産税の納付を求める納税通知書を中川に送った。〇二年度以前も建物は使われており課税対象だったが、地方税法では〇三

年度までしかさかのぼって徴収できなかった。つまり、中川が課税業務の責任者である町長（南丹市に合併する前の八木町の町長）を務めていた九二〜〇二年も固定資産税は納められていなかったことになる。

中川は国会で会見を開き、「払うべき税金を払わなかったことは一度もない」と持論を展開した。たしかに、府も市も課税していなかったので、問題の三棟について「払うべき税金」は発生していなかった。また行政から納税通知書が届くとすぐに納付したので、中川の説明に矛盾があるわけではなかった。

だが、町長時代に自宅の一部の固定資産税を払っていなかった事実は有権者から大きな反発を受けた。自民党京都府連には二〇本以上の抗議電話があった。「『国民をばかにした行為で、納税通知が来たから払いましたで済む問題ではない』『議員を辞任させるべきであり、府連として辞任勧告すべきだ』といった声が相次いだ」（自民党関係者）。

中川の自宅を非課税扱いにしていた判断の誤りを認め固定資産税を課税することにした南丹市長は、野中の元秘書の佐々木稔納だった。だが、佐々木も自民党京都府連も、中川の議員辞職につながるような責任追及はしなかった。野中はそれを見て「（現役の政治家は）情けない」と嘆いていたという。

構造改革の気運がしぼむとともに永田町での存在価値は下がった

自宅の未登記や地元事務所の機能不全といった問題はいわば身から出たさびだ。それとは別に、中川は個人では抗《あらが》いようのない時代の逆流にのみ込まれていった。

時代の逆流を一言でいえば、小泉の凋落《ちょうらく》であり、その象徴が、郵政造反組（〇五年の郵政民営化法案の採決で反対票を投じて、自民党を離党させられた国会議員たち）を復党させる動きだった。

郵政造反組の復党は、小泉チルドレンにとって次期衆議院議員選挙における選挙区の支持基盤が分裂したり奪われたりすることを意味しており、死活問題だった。

しかも、復党を認め始めたのは小泉構造改革の継承を宣言して首相になったはずの安倍晋三だった。安倍は〇六年に、郵政造反組の一一人（森山裕、野田聖子、江藤拓ら）の復党を認めた。元来、郵政造反組は落下傘候補が多かった小泉チルドレンより地元に根付いていて集票力があった。安倍は〇七年夏に迫っていた参議院議員選挙で、郵政造反組の集票力を利用しようとしていた。

ただし、復党できたのは、郵政選挙で刺客を立てられてもしぶとく勝ち抜いた議員たちだけだった。中川にとって絶対に許容できないのは、京都四区のライバル、田中英夫のように落選した造反議員の復党だった。当時幹事長だった麻生太郎もさすがに落選組の復党には慎重だった。

ところが、安倍は年が明けて〇七年三月、落選組の衛藤晟一を復党させ、参議院議員選挙に擁立することを決めた。周囲の反対を押し切っての決定だった。安倍は自身と同じタカ派の衛藤を寵愛していた。

筋論より情を優先する安倍の決断に、小泉チルドレンは戦慄した。

当然、中川も焦った。その焦りは同年九月、安倍の退陣、福田康夫内閣の誕生の前後にピークに達する。

郵政造反組のボスは平沼赳夫だ。先に復党した一一人が自民党から署名させられた「郵政民営化賛成」の誓約書に一人だけサインすることを拒み、自らの復党を保留にしつつ、落選組の復党を強く求める筋金入りの政治家だった。

危機感を募らせた中川は九月一〇日、復党問題を議論する代議士会で勝負に出た。発言を求め、首相を辞任する直前の安倍や麻生らの前に歩み出ると、「小泉改革を否定することだ。国民はアホやない！」とほえたのだ。平沼を復党させようとする幹部への痛烈な批判だった。

この場面はマスコミに公開されていたため、テレビや週刊誌で紹介され、中川の名を知らしめるのに一役買った。

だが、それも一時のブームだった。中川の訴えむなしく平沼は復党した。これで郵政造反組一二人全員が自民党に戻ることになった。

野中一派が次々と要職に復活

おまけに、選挙の公認などで中川の命運を左右する自民党幹部は、次々と野中に近い政治家に置き換わっていった。

前述の代議士会の二日後、安倍は突如として退陣を表明した。次の福田政権下で、自民党幹事長は麻生から京都一区選出の伊吹文明に交代。選挙を仕切る選挙対策委員長には野中を「政治の師」と仰ぐ古賀誠が就任した。古賀は野中の腹心の一人で、野中の後継者指名を受けて自民党幹事長に就いたこともある人物だ。前述の大下の著書によれば、野中は古賀が選挙で苦戦していれば選挙区（福岡七区）に入って有権者に投票を請い、土下座までしたという。

伊吹と古賀の登用を見て、中川は外堀を埋められたような気持ちだったろう。

古賀の行動は速かった。選挙対策委員会の初会合を開いた一〇月五日に早速京都市へ飛び、中川のライバルの田中の会合に出席したのだ。

同会合は、中川打倒の決起集会そのものだった。会場には、当然のように野中がいた。それだけでなく郵政造反組のボス、平沼まで出席していた。

平沼は京都でも強気だった。「小泉チルドレンは次期衆院選で淘汰される」と中川を挑発したのだ。

古賀は立場もあって「政治家としての退路を断つ決意でこの職を引き受けた」という決意表明

にとどめたが、野中は勝負師の血が騒いだのか、完全にヒートアップしていた。「田中がバッジを着けるまで死ぬにも死ねない」と訴えただけでなく、会合終了後、記者団に「古賀さんは私の気持ちを一心同体で知ってくれていると思う」（『日本経済新聞』〇七年一〇月六日付記事）と念押しのコメントを残すことも忘れなかった。

復党問題以外にも、自民党の混乱は枚挙にいとまがなかった。ねじれ国会（参議院では政権与党の議席数が過半数を下回る状態）の下、福田内閣、麻生太郎内閣と短命政権が続き、政策推進力が必要な構造改革の断行など夢のまた夢となっていった。

〇八年にはリーマンショックが発生。世界同時不況の下で非正規労働者の解雇などが急増し、小泉が推進した構造改革に対する不満が噴出することになる。永田町において、小泉チルドレンは〝過去の遺物〟になっていった。

それでも中川はかたくなに構造改革の必要性を訴えた

小泉時代の政策の揺り戻しが起きる中で、中川は構造改革の断行を主張し続ける数少ない議員となった。〇八年には小泉が政界引退を表明。中川が二期目続投を懸ける〇九年夏の衆議院議員選挙を前に党内での孤立はいっそう深まっていった。

同年四月の中川の支持者向けの広報誌に、当時の彼の孤立を象徴する場面がある。中川は構造改革路線が誤りだったと主張する自民党元幹事長、加藤紘一を若手議員が囲む会に参加した。多くの若手議員が加藤の主張に同調する中で、中川は正反対の意見を述べた。

「(構造)改革は(小泉政権)当時最高の政治の進め方だった。変更や見直しという問題ではない。(中略)批判は学者、評論家の役割で政治家の仕事ではない。政治家の任務は(中略)断固やり抜く意志と実行力だ」とまくし立てたのだ。

その年の夏の衆議院議員選挙では民主党が大勝し、政権交代を実現させることになるのだから、世論が望むものは、小泉政権時代の構造改革とは異なっていた。

加藤を囲む会に参加した若手議員の多くは「『構造改革』など訴えていては選挙で勝てない」と思っていただろう。中川は一人、時代の流れに抗った。それは中川の意地だったし、そうせざるを得ない事情もあった。地元京都では、小泉構造改革の挫折を待ちに待っていた野中が手ぐすねを引いてリベンジの機会を待っていた。中川が構造改革を否定すれば、それは自分自身を否定するのと同じだった。

「使い捨てにされるのを覚悟しろ」小泉が発した冷徹な言葉

衆議院議員時代の中川は小泉を「親分」「師」などと呼んで慕っていたが、一方で、冷徹な言葉を投げ掛けられてもいた。

前述の郵政造反組の復党問題が持ち上がった頃、自民党本部で開かれた小泉チルドレンらの研修会での出来事だ。

郵政選挙当時の党幹事長で小泉チルドレンの教育係を任されていた武部勤はあいさつで、「皆さんが（刺客として）戦った相手は古き悪しき抵抗勢力で改革の敵だ。（郵政造反組の）復党問題が出ているが後戻りすることは絶対ない」（『産経新聞』〇六年一一月八日付記事）と述べ、一回生らを安堵させた。

ところが、である。続いてあいさつした小泉の言葉に、小泉チルドレンたちは耳を疑った。小泉は「政治家は常に使い捨てにされることを覚悟しないといけない。甘えちゃいけない。使い捨てが嫌なら国会議員にならないほうがいい」（同記事）と言い放ったのだ。

非情の人といわれた小泉らしい発言だが、この言葉は、多くの小泉チルドレンらの未来を暗示するものだった。小泉チルドレン八三人のうち、〇九年の衆議院議員選挙で再選できたのはわずか一〇人だった。

中川の支援者は唇を噛んでこう語った。「中川には中央政界でも我を通せる強さがあった。もしも、小泉チルドレンのレッテルを貼られていない状態で国政に進出していたら中央でも活躍できただろう。野中が、中川を素直に自民党の公認候補として認めていたら、（保守分裂で野中派と中川派が争う）京都の政治情勢も違っていたはずだ」。

だが、歴史に「もしも」はないし、小泉旋風なくして、国会議員になる実力が中川にあったかは、極めて疑わしい。

第五章

京都のフィクサーとして支配体制を確立

2007年9月10日の自民党代議士会で、郵政造反組の代表格、
平沼赳夫を復党させようとする党幹部の動きに異を唱える中川
（写真提供：共同通信社）

1 政治家から「黒幕」に転身

小泉チルドレンとして衆議院議員を務めていた中川泰宏は二〇〇九年、二度目の総選挙に挑む。だが、初当選時の「小泉フィーバー」は消え去っており、地元京都では政敵、野中広務が郵政選挙のリベンジに向けて謀を巡らせていた。中川が小泉チルドレンとして中央政界で脚光を浴びる一方で、郵政選挙で一敗地に塗れた野中とその後継者の田中英夫は地元京都で雪辱の機会を待ちわびていたのだ。

野中が動いたのは〇八年九月、小泉純一郎が政界引退の意向を表明した直後だった。次期衆議院議員選挙に向けて、まず、田中の自民党公認と復党を画策した。〇五年の郵政民営化法案の採決で反対票を投じた田中は、郵政選挙で公認を得られず、「刺客」として送り込まれた中川と戦って落選。その後、自民党を離党していた。

その田中が、小泉の政界引退表明から一週間とたたないうちに次期衆議院議員選挙における党の公認と復党を自民党京都府連に願い出たのだ。

さらにその一週間後、今度は中川の選挙区である京都四区の亀岡市、南丹市、京丹波町の市町議会議員三二人が田中の公認と復党を求める請願書を京都府連に提出した。それに呼応するように田中を支持する府議会議員や京都市議会議員がわざわざ上京し、京都府連会長の谷垣禎一に同様の要請を行った。

まさにせきを切ったような野中一派の波状攻撃である。しかも、それとほぼ時を同じくして、自民党幹事長には京都一区選出の伊吹文明、公認候補選定の鍵を握る選挙対策委員長には野中を「政治の師」と仰ぐ古賀誠が就任していた。

中川は郵政造反組が復党しないよう、自民党幹部に必死で訴えていたが、事態は中川が懸念していた通りに動いていた。

野党転落を恐れた自民党幹部は中川に比例に回るよう促した

自民党内で、田中の公認、復党に賛成する意見は少なくなかった。他の小泉チルドレンと同様、中川は小泉旋風のおかげで当選できただけで、選挙区に強い支持基盤があるわけではない。中川には農協の組織票があったが、それだけで勝てるほど衆議院議員選挙は甘くなかった。

まして、次期衆議院議員選挙は自民党にとって、民主党に政権を奪われかねない党の存亡を懸けた戦いとなる。小泉チルドレンと郵政造反組とをてんびんに掛け、勝てる可能性の高いほうを公認したいのが党幹部の本音だった。京都四区の「勝てる可能性の高い候補」は野中一派が全面バックアップする田中であることは間違いなかった。

しかし、党幹部はそうやすやすと田中を公認するわけにはいかなかった。郵政選挙で刺客として公認し、当選させた現職の中川を次の選挙で公認しないとなれば、「自民党から選挙に出る新人がいなくなる懸念があった」（自民党関係者）のだ。

このジレンマを解決する策として浮上したのが、「保守分裂を避ける」という大義名分の下、中川に比例に回ってもらい、田中を京都四区の公認候補にする案だった。

衆議院が解散されるまでの間、谷垣ら複数のベテラン議員が、比例に回るように中川をしきりに説得した。比例区単独立候補は中川のメリットになり得る提案ではあった。京都四区を田中に譲る場合の交換条件として比例選候補の名簿の上位に入れてもらえば、小選挙区で戦うより当選する可能性が高まるからだ。

しかし、中川は谷垣らのオファーを蹴り、あくまで小選挙区にこだわった。それは、ある意味で当然だった。京都四区は中川が壮絶な選挙戦の末に野中一派から奪取した城だ。それを無血開城して返上するなどあり得ない話だった。まして谷垣らのオファーに乗った場合、中川の身分は小選挙区選出の議員より一段落ちる比例代表選出の議員になってしまうのだ。

結局、党幹部としては、現職の中川が小選挙区の公認を望む以上は、それをむげにすることはできなかった。衆議院解散当日の〇九年七月二一日、中川が京都四区の公認候補に決まったのである。

中川は同日、京都市で記者会見を開き、「四年間、国会議員として務めてきたので公認は当然だ。前回選のしこりは簡単には消えないが、党員の皆さんたちと時間を掛けて話し合っていく」（『読売新聞』〇九年七月二二日付記事）と話した。

頼みの綱の小泉来援は不発

「今回は命を懸けた最後の選挙だ」と公言してリベンジマッチに臨んだ野中はさっそく〝口撃〟を開始した。

田中の決起集会で、「小泉という男は破壊者だ。構造改革によって格差は広がり、人心は荒れた」（『産経新聞』〇九年八月二七日付記事）と自民党政治を批判したのだ。小泉チルドレンである中川への強烈な当てこすりだった。自らの支持者らには、「田中さんはこの四年間、雨の日も風の日も一人演説を続けてきた。涙なくしては語れない」（同）と情に訴えた。

実際に、田中は落選してから、地元をじっくりと歩き、支持を取りつけていた。前回同様、自民党の地方議員の多くは田中への応援をいとわなかった。

片や、中川に前回の勢いはなかった。亀岡市で開かれた演説会で中川は、声を絞り出すように「厳しい」と言って苦境を認めた。報道各社の情勢分析で劣勢が伝えられると、「比例で勝負しようかと思っている」（『毎日新聞』〇九年八月二七日付記事）と弱気になることもあった。中川にしては珍しいことだった。

頼みの綱は、郵政選挙時と同様、小泉による応援だった。小泉は公示日当日に京都入りして演説した。渋滞が起きるほど人が集まったが、現役の首相だった郵政選挙当時の神通力はなく、票には結びつかなかった。

自民党関係者は「中川のアピールポイントはもはや自民党の公認候補であるということぐらいだった」と語る。だが、民主党が政権交代を実現する衆議院議員選挙において、「自民党公認」はむしろ逆効果ですらあった。

保守分裂の末に共倒れ

ふたを開けてみると、選挙の結果は自民党にとって最悪のものとなった。手放したことのなかった京都四区の議席を民主党の北神圭朗に奪われたのだ。

中川も田中も比例復活できず、落選の憂き目に遭った。中川が意地を通して小選挙区にこだわったことによる「共倒れ」だった。

中川の得票数は前回の七万五一九二票から半減し、三万五三一四票。逆に田中は前回より一万四〇〇〇票以上得票数を増やしたが、北神には及ばなかった。

ＪＡグループの全国組織から支援を受けられなかったことも敗因だった。中川の事務所には、ＪＡグループの農政運動を仕切るＪＡ全中の職員が応援に来ていたが、「かたちだけのもので本腰を入れて応援をしているようには見えなかった」(中川の支援者)。自民党が小泉チルドレンとして中川を擁立する際、当時のＪＡ全中専務が強く反対したように、ＪＡグループの主流派にとって、中川は何をしでかすかわからない不確定要素でしかなく、本音では、政界にいてもらっては困る存在だった。農協関係者の間では、「自民党は郵政民営化を成し遂げた後、農協改革にも切り込むのではないか」とまことしやかに言われていた。

有権者の審判は、中川と田中という二人の政治家にとって致命傷になった。

中川にとっては北神にあまりの大差で敗れたことが痛手となった。自民党では国政選挙で負けても二回目までは公認されることが多いが、中川にはそのチャンスが与えられなかった。

その要因として、野中一派による中川包囲網の存在もあったが、それ以前に「〇九年の衆議院議員選挙での惜敗率の低さが決定的だった」（自民党関係者）。惜敗率とはトップ当選した当選者の得票数に占める、当該候補者の得票数の割合のことだ。中川の惜敗率はたった三二パーセントだった。

田中のほうはこの選挙で国政選挙への挑戦を諦め、地方議員に逆戻りした。再び府議会議員選挙に立候補した際は「二段階逆戻り」とやゆされた。田中は府議会議員、亀岡市長、衆議院議員と駒を進めてきたが、中川と二度の死闘を演じた末に、二マス戻ることになったのだ。

それでも野中への対抗心は消えず

中川は落選にもめげず一二年の衆議院議員選挙で再挑戦した。今度は無所属での出馬だった。結果は惜敗率一七パーセントという前回よりひどい惨敗だった。得票数は一万二五〇五票で、ピーク時の郵政選挙の二〇パーセントに満たなかった。

京都四区でトップ当選したのは自民党公認の田中英之、四二歳だった（田中英之と、田中英夫は一文字違いだが親戚ではない）。この選挙でも当然、野中が田中の後ろ盾として暗躍した。

中川の選挙事務所にはＪＡ京都中央会やＪＡ全農京都、懇意にしている建設会社といった明らかな利害関係者しかおらず、「郵政選挙当時の『熱』のかけらも残っていなかった。序盤戦から諦めムードが漂っていた」（ＪＡグループ京都関係者）という。

中川が勝ち目のない戦いを続けたのはなぜなのか。

そもそも彼は衆議院議員だった当時から、中央政界で権力の階段を上り詰めようとは思っていなかった。

「総理大臣になりたいか？」という問いに、「いいえ。人には器がある。私にはそこそこの組織の大将になる器はあるが、一国のリーダーの器があるとは思えない」と率直に答えている（〇五年の郵政選挙で初当選した自民党の新人議員でつくる83会〈はちさんかい〉を紹介する書籍『ＵＢＵＤＡＳ』）。

実は、首相どころか、大臣になることすら諦めていたようだ。議員在職時、側近に次のように漏らしている。

「野中は総理大臣にはなれなかった。俺は大臣にもなれないだろう。チャンスがあっても『身体検査』で引っかかる。仮に入閣すれば（マスコミに過去の不祥事をたたかれて）、議員の立場まで危うくなるかもしれない」

中川は国会議員になる前、「農協の労組潰し」といった不法行為や疑惑を持たれる行為をしてきた。前述の発言からは、たたけば埃が出る身であるという自覚があったことがうかがえる。

それでも表舞台の政治の世界にこだわったのは、野中への対抗心があったからに他ならない。地元京都で絶大な力を持つ野中と権力闘争を続けることが、中川自身の存在証明になっていたのだろう。

中川にとって唯一、生涯を懸けて戦うに値する相手が野中だった。野中は日本の憲政史上、被差別部落出身であることを公言して権力の中枢に上り詰めたただ一人の政治家だ。足の障害というハンディキャップをバネに伸し上がった中川にとって、野中は偉大な先達であると同時に〝乗り越えるべき父親〟のような存在だった。

少し大げさかもしれないが、執拗に野中に挑み続ける中川には、ギリシャ悲劇「オイディプス王」や、現代映画の『地獄の黙示録』『スター・ウォーズ』に通底する〝父殺し〟に似た心理があるように思えてならない。

中川は、二度目の衆議院議員選挙落選で政治家としてのキャリアに見切りをつけ、陰のフィクサーへと変貌するのだが、その後も野中の縄張りを奪おうとしたり、側近を取り込もうとしたりして、執念深く戦いを挑み続けた。

2 中川と野中の「代理戦争」は泥沼化

小泉チルドレンだった中川泰宏と野中広務の戦いの場は国政選挙だけではなかった。むしろ、数十票を争う京都府の地方選挙における「代理戦争」でのほうが二人の闘志は燃え上がった。逮捕者を出すほど白熱した泥沼の選挙の裏側に迫る。

中川は二〇〇九年の衆議院議員選挙で惨敗したことで国会議員としてのキャリアは事実上終わった。しかし、その後も、中川は飽くことなく野中に対して権力闘争を挑み続けた。

二人の緊張関係は、京都府の政治関係者に大変な気を使わせた。たとえば、パーティーを開くとき、中川と野中を両方招くのはタブーだった。まれに両者が同席せざるを得ないケースがあると、主催者は席順をどうするか、どちらを先にあいさつさせるかという難題に頭を抱えることになった。

中川が落選した〇九年の衆議院議員選挙後、京都市内で開かれたとあるパーティーで、中川が野中に面と向かって「『野中先生より先にあいさつさせていただいて……』とのたまったときには会場にいた百人ほどの地方議員らが凍り付いた」(同パーティーに参加した自民党関係者)という。

衆議院議員選挙という大一番が終わっていたのにもかかわらず、二人の間がピリピリしていたのは、京都府南丹市長選挙をはじめとした地方選挙における中川と野中の「代理戦争」の真っ最中だったからだった。

〇五年の郵政選挙の直後から激化し、驚くべきことに今日まで続いている代理戦争の実態を明らかにする。

野中派の有力政治家を一人一人籠絡

代理戦争の初戦は、中川と野中の故郷である南丹市の市長選挙だった。

南丹市市役所は園部城跡地の小高い丘に建っている。丘の上には中川と野中の母校、園部高校もあるので、中川にとっても野中にとっても通い慣れた場所だ。また、両者とも南丹市に統合された町の首長をしていたという因縁もある（中川は八木町長、野中は園部町長を務めていた）。

このように二人にとって浅からぬ縁のある南丹市の初代市長を決める選挙が、くしくも郵政選挙の五ヵ月後、〇六年二月に行われることになった。衆議院議員選挙での激闘の興奮冷めやらぬ中での地元首長選挙が盛り上がらぬわけがなかった。

先手を打ったのは中川だった。郵政選挙直後の〇五年一〇月に園部町議会議長の中川圭一に立候補を表明させ、「ダブル中川（泰宏と圭一）」のポスターを市内中に張りまくったのだ。

圭一はもともと、野中の後援会会員だったが、九月の郵政選挙で中川泰宏陣営にくら替えした人物だった。園部町議会議長だけでなく、全国町村議長会長も務める有力者であるだけに、圭一が中川に寝返ったおかげで泰宏は野中の後継者に勝てたといっても過言ではなかった。

泰宏と圭一は、郵政選挙と南丹市長選挙でお互いに協力するという「バーター取引」を行ったのだ。泰宏が出馬した郵政選挙後、すぐさま圭一の南丹市長選に取り掛かるのは予定通りの動きだった。

片や、野中は候補者の一本化に手間取った。野中の実弟で、園部町の現役の町長だった野中一二三が、圭一より先に南丹市初代市長に名乗りを上げていたことが、候補者の調整に時間を要した原因だった。一二三の町長在任期間は、実に七期二六年に及んでいた。選挙で勝つには一二三に代わるフレッシュな候補者を立てる必要があった。野中兄弟の間でどんな交渉が行われたか不明だが、最終的に、一二三は立候補を見送った。

野中陣営から、佐々木稔納が立候補を表明したのは圭一の立候補表明から三ヵ月以上遅れた〇六年一月半ばだった。野中の秘書を一九年務めた後、園部町収入役を務めていた佐々木は、「野中の秘書軍団の中では地味な存在だった」(地元関係者)。

野中陣営が昔ながらの選挙戦を展開したのに対し、中川陣営の作戦はさながら「小泉劇場」の再演だった。小泉チルドレンの杉村太蔵、片山さつき、佐藤ゆかりらが次々と応援に訪れ、支持者と写真に納まるなどサービスにいそしんだのだ。小泉チルドレンの動員に、首相の小泉純一郎や首相秘書官の飯島勲の力が働いていたのは言うまでもない。

郵政選挙で勝利した余勢もあって、中川泰宏の演説は攻撃的だった。選挙戦で中川はたびたび、「野中体制を終わらせる」と訴えた(『朝日新聞』〇六年三月二日付記事)。「政治家が力なくなったら辞めないといかん」（同記事）と野中に退場を促す場面もあった。

野中も八〇歳の老骨にむち打って毎晩のように佐々木の応援演説を行った。だが、本人の思いに反して、小泉政権を批判する演説が有権者の心に響いているとはいえなかった。

有権者には「野中兄弟の時代からの変化」を求める気持ちが少なからずあった。

「もう終わりにしようや」

選挙の結果は、中川と野中の後継者が激突した郵政選挙をも上回る劇的なものとなった。わずか一七票差で圭一が佐々木に勝利したのだ。

野中は佐々木の選挙事務所で、「（選挙期間が）もう二日あったらという感じだ。わずか一七票という差で佐々木君の決断に傷をつけてしまった。先に政治の道を歩いてきた私として申し訳ない」と語った（『朝日新聞』〇六年二月二〇日付記事）。「準備期間が短かったので一七票差は実質的勝利」（『読売新聞』同日付記事）という負け犬の遠ぼえのようなコメントも残している。この発言からもうかがえるように、選挙期間を通して野中は精彩を欠いていた。

〇五年の郵政選挙に続く野中の敗北は、「野中王国の終わり」などと報じられた。実際に、野中は土俵際まで追い詰められていた。

ところが、どんでん返しが待っていた。圭一が初登庁を果たした翌日、彼の運動員が公職選挙法違反の容疑で逮捕されたのだ。

運動員は市長選挙の告示前の〇五年八月に、亀岡市内の旅館で、有権者十数人に圭一への投票と票の取りまとめを依頼し、一人一万円相当の酒食で接待したとされ、本人も容疑を認めていた。「『参加者からは会費を取った』と聞いている」などと弁解していた圭一も逮捕され、最終的には辞職した。

「小泉VS.野中」という中央政界の対立構造が田舎町に持ち込まれ、複数の小泉チルドレンが投入される〝どんちゃん騒ぎ〟のような選挙をした結果がこれである。有権者があきれるのも当然だった。

出直し市長選挙で、中川陣営は急遽、園部町の元助役を擁立したが、さすがに準備不足は挽回できず、佐々木に完敗した。投票率が前回の八〇パーセントから六九パーセントに下がったことに市民のシラケ具合がうかがえる。

この結末は中川にとって大きな誤算だった。中川は支援した元助役の落選が決まると、記者らに「結果については、どうこう言わない。もう終わりにしようや。この勝利を野中氏兄弟の花道にしてほしい。私はこれからも、こつこつ戦う」(『大阪読売新聞』〇六年五月一日付記事)と、およそ敗者にはふさわしくないコメントを残した。野中も中川も負けず嫌いが高じて、敗戦の弁には強気な主張が目立った。

ドタバタ劇の末、野中大国は崩壊寸前のところで踏みとどまった。「敵失」のおかげとはいえ、野中陣営にとっては大きな意味を持つ勝利だった。佐々木はその後、手堅い手腕を発揮し、三期一二年にわたって南丹市長を務めることになる。

余談になるが、圭一の逮捕劇について、「逮捕の裏に野中による警察への働き掛けがあった」といううわさがまことしやかに語られた。「圭一の運動員に招待された有権者が、接待された旅館からバスに乗り込む様子を野中陣営が撮影していたのではないか」というのである。

事実、野中自身が郵政選挙の期間中、そういった類いの情報収集を行っていることを明かしたことがあった。野中の後継者を応援する演説の中で、中川泰宏の応援にやって来た首相の小泉を囲む会合に出席している中川圭一の写真（野中陣営からすれば裏切りの証拠写真）を掲げて、「私だってこれくらいの写真をぱっと撮らせるような手は打ってあります」と、情報収集力を見せつけていたのだ（『週刊朝日』〇六年三月三一日号記事）。

圭一の逮捕に、野中が関与していたかどうかはわからない。それでも、野中の警察への影響力は小さくなかった。その影響力は、国家公安委員長などを歴任した経歴に起因するところもあったかもしれないが、実際には、警備担当者らへ細やかな気配りをするなど、人間関係によるところが大きかったようだ。

野中が閣僚や自民党幹事長といった要職を離れた後も、京都府警の職員が「有給休暇」を取って野中の警護に当たるほど、人的な結びつきは強かったという。

話を代理戦争に戻す。南丹市長選挙に勝利した野中だったが、一枚岩でまとまっていた野中王国の全盛期に比べ、団結力の衰えは覆うべくもなかった。中川圭一が典型だが、野中一派の政治家が栄達のために中川泰宏の力を頼るケースが続出したのだ。

たとえば、出直し市長選挙後の〇七年四月の府議会議員選挙――。この選挙では南丹市・船井郡選挙区の現職府議会議員だった高屋直志が中川陣営にくら替えした。南丹市長選挙において、高屋が野中陣営の候補者でなく、中川が推す候補者を応援したことが野中の逆鱗に触れた。「高屋に勝てる候補を探せ」という野中の鶴の一声で、府議会議員選挙の候補者になったのが、南丹市市議会議員だった片山誠治だった。

このとき、野中は強引だった。

「現職優先」の自民党の公認ルールを覆して、高屋を公認候補から外したのだ。自民党は、高屋と片山の両者を推薦するという異例の対応を取ることになった。

「これほど彼（高屋）がいじめられ、つらい思いをしたことはない」（『読売新聞』〇七年四月五日付記事）。公認候補の地位を剝奪された高屋を応援する中川は選挙の公示日、こう演説し、野中陣営のやり方を非難した。

一方の野中は、片山への応援演説で、いつもの通り小泉批判を展開すると、「現職（高屋）が

深まる保守分断

公認を受けられないのは、政治家として否定されたということだ」（同）と冷たく言い放った。

この選挙では片山が当選するが、さすがに野中陣営の地方議員にも代理戦争の疲れが出ていた。「中川VS.野中」の構図は、〇二年の京都府知事選挙、〇五年の郵政選挙、〇六年の南丹市長選挙と出直し南丹市長選挙、〇七年の府議会議員選挙と続き、そのたびに保守勢力の分断は深まっていった。

自民党に三くだり半を突きつけられ、維新の会に懸ける

〇六年の地元市長選挙に続いて〇七年の府議会議員選挙でも敗れた中川は長い停滞期を迎える。

前述の通り、中央政界でも郵政造反組が自民党に復党するなど小泉チルドレンにとって冬の時代が始まっていた。

中川が〇九年の衆議院議員選挙に自民党公認で出馬して大敗すると、自民党はここぞとばかりに彼を切り捨てた。京都四区の立候補予定者が代表に就くことになっている自民党京都府第四選挙区支部（代表者は中川）の解散を求めたのだ。

中川が対応を渋っていると、自民党は一〇年一一月一九日までに解散しない場合、強制的な解散手続きに踏み切ると通告した。「中川が府選挙管理委員会で同支部の解散手続きを行ったのは、党が突きつけた期日の前日だった」（自民党関係者）。

中川は〇五年、「議論の結果、合わないからといって、(自民党を) 飛び出すとか、新党をつくるとか、違うことをするということは絶対にしない」と誓って自民党に復党したが(詳細は第四章の5参照)、再び自民党と反目することになった。中川は一二年の衆議院議員選挙に無所属で京都四区から立候補し、同党公認候補と戦っている。

また同じ一二年、府議会議員、田坂幾太が自民党を飛び出し、政治団体「京都維新の会」を設立した後、中川は同政党の議員を支援している。「田坂は自民党から参議院議員選挙に出るとみられていたが、中川と昵懇の間柄であるとみられたことで党内の反中川勢力からにらまれてしまった。反中川の最右翼だった京都市議会議員団が田坂の参議院議員選挙への擁立に難色を示し、結果的に、西田昌司が公認されることになった。田坂はへそを曲げ、(六年後に) 京都維新の会を立ち上げた」(自民党関係者)。

中川は田坂という自民党の不満分子に力を貸すことで、自らの政治力を復活させようとしたのだ。田坂は一二年の衆議院議員選挙に京都一区から出馬したが落選。京都維新の会自体も存在感を発揮できなかったので、中川のもくろみは外れたことになる。

中川泰宏の陰の支援者だった野中の弟、一二三という存在

中川と野中広務との長い戦いを語る際、見落としてはいけないのが広務の六歳下の弟、一二三の存在だ。

一二三は、初代南丹市長を決める〇六年の選挙までは兄の広務と同じ候補者を応援していた。つまり政治的には「野中兄弟vs.中川」の構図だったのだが、中川と一二三との関係は、選挙では戦いつつも、それ以外の面では手を握るという複雑なものだった。

中川と一二三は古いつき合いだ。中川が貸金業を営んでいた若い頃から、一二三は要所要所で中川を助けてきた。

野中広務の側近によれば「三六歳の中川が八木町農協の組合長になれたのは、隣町の園部町農協組合長と園部町長を務めていた一二三の後押しがあったからだった」。中川が八木町長になると、彼は隣町の園部町長だった一二三のところに足しげく通い、町政運営などの助言を得ていたという。

2003年の京都府園部町長選挙で7選を果たした実弟の野中一二三（右）と握手する野中広務（京都新聞社／写真提供：共同通信イメージズ）

一二三は中川を「たいやん」という愛称で呼んでかわいがった。筆者が知る限り、中川を「たいこう」（本名は泰宏＝やすひろ）と呼ぶ人は多いが、「たいやん」と呼ぶのは一二三だけである。

一二三は一九七九年に園部町長に初当選後、二〇〇五年まで町長を務めるとともに、京都府町村会長や全国町村会副会長などを務めた実力者だ。当初、中川と一二三は義兄弟的な上下関係にあったのだが、やがて中川が自らの勢力拡大のために一二三の力を利用するようになる。陰のフィクサーとして京都を牛耳ろうとする中川にとって、政敵の実弟である一二三の力は大きな武器になった。

一二三が中川陣営に取り込まれることになった最大のきっかけが、兄広務との関係悪化である。「一二三は町長から参議院議員として国政に進出しようと考えていた。その実力もあったと思うが、広務から『同じ地域から兄弟で国会議員になるなどいかん』という理屈でつぶされていた」（先出の広務の側近）。

第三章で詳述したように、一二三に、農協の上部団体である連合会会長になるチャンスが巡ってきたときも広務がそれを認めなかった。政界でも農協界でも、一二三は広務から頭を抑えつけられていたのだ。

そもそも野中家は、長男である広務と、次男である一二三を初等教育から〝差別〟していた。当時の時代背景や経済事情もあるだろうが、広務は一二三が行かせてもらえなかった幼稚園や中学校に通い、一二三がやらせてもらえなかった剣道を習っていた。両親の間では、広務にはエリート教育を施し、一二三には家業である農業を継いでもらうという方針がはっきりしていた。

一二三は魚住昭の著書『野中広務　差別と権力』でこうコメントしている。

「兄貴は長男で、郡長さんに名前をつけてもらった子ということで家で一番大事にされてましたが、私は農業を継がさんと大変だということで幼稚園にも中学にも行かさんと家で徹底的に使い切られた。それはもう、ひどすぎると思うぐらいの格差をつけられた」

これでは、一二三が広務に対して複雑な思いを抱くのは当然だ。

野中兄弟の不仲は、中川にとって格好の付け入る隙になった。「一二三は、親類を中川の事務所で雇ってもらうなど弱みを握られていた」（地元関係者）。

一二三の政治的な立ち位置のターニングポイントとなったのは前述の〇七年の府議会議員選挙だ。この選挙で一二三は、兄が応援する片山誠治ではなく、中川が推す高屋直志を応援した。一四年の南丹市長選挙では、中川陣営の西村良平の推薦人として、立候補表明の会見に中川と共に同席している。西村が挑む相手は当時現職の佐々木稔納（元広務秘書）だった。

野中兄弟のいがみ合いには付ける薬がなかった。野中の父が亡くなったときには、どちらが喪主を務めるかで大喧嘩をした。結果的に、一二三が喪主を務め、野中家は一二三が継ぐことになった。広務は旧園部町内の離れた場所に移り住み、自分の家族の墓地を旧園部町から京都市に移した。広務は一八年に死去するが、広務と一二三の関係は、観光業を営む弟（野中家の三人兄弟の三男）を介してしかやりとりできないほどに悪化していた。多くの権力者がそうであるように広務は晩年、孤独だった。

3 野中亡き後も続いた復讐劇

中川泰宏は衆議院議員選挙で二連敗した後、京都を牛耳る陰のフィクサーとして再出発したが、子飼いの政治家が地方選挙で連敗するなどうまくはいかなかった。しかし、二〇一八年に目の上のたん瘤《こぶ》だった政敵、野中広務が死去するのと前後して地元の首長選挙に連勝し、反撃ののろしを上げる。

野中は〇三年に政界を引退するが、その当時から地元京都を牛耳ろうとする中川に対して並々ならぬ警戒心を持っていた。

象徴的なエピソードとして、野中が政界引退後、地元京都に帰って「一農家」に戻ろうとしたという事実がある。実家はもともと農家だったが、政治家になった野中は農業に目もくれなかった。その野中が七七歳になって初めて側近に「南丹市に借りられる農地はないか、探してくれ」と指示したのだ。

野中は「俺も農家だから農業委員などの役をやるんだ」と話していた。野中には危機感があった。中川は当時からJAグループ京都の会長として農協界を支配していたが、「このままでは農業委員会など農協以外の団体まで中川の意のままになってしまいかねないと考えていた」（野中の側近）。

野中は〇三年から一二年間、農業土木の全国組織である「全国土地改良事業団体連合会（全土連）」の会長を務めたが、その動機の一つには「すべての農業団体を中川の思うがままにはさせない」（同）という強い対抗意識があった。

全土連会長退任後も、野中が京都府の土地改良事業団体連合会の会長を降りなかったのは、「中川の勢力拡大を食い止める防波堤になるためだった」（前出とは別の野中の側近）という。

しかし、さすがに寄る年波には勝てなかった。野中は一八年一月に死去する。その前後に、長らく野中陣営が押さえていた地元首長のポストを中川陣営が奪取した。これによって中川は小泉チルドレンとして活躍した時代に次ぐ、第二の黄金期を迎えることになる。

息のかかった自治体幹部が続々誕生

反転攻勢のチャンスは思わぬところでやって来た。

一七年一一月に行われた京都府京丹波町長選挙で、ＪＡ共済連京都の元副本部長である太田昇が初当選したのだ。「応援した農協関係者も驚くほど想定外の金星だった」（ＪＡグループ京都関係者）。

町長選挙から三週間後、野中が京都市内のホテルで倒れ、病院に救急搬送された。年が明けて一月二六日、野中は九二歳で帰らぬ人となった。

中川と野中が激しい「代理戦争」を繰り広げてきた京都府南丹市長選挙が行われたのは野中が

鬼籍に入ってから二ヵ月余り後だった。

この選挙は野中陣営にとっては〝弔い合戦〟であり、中川陣営にとっては捲土重来《けんどちょうらい》を期す戦いだった。中川は、野中の元秘書の市長に三選を許し、そのたびに苦杯をなめてきた。

結果から言うと、この選挙は中川陣営の西村良平が勝利する。南丹市に統合した八木町の職員だった西村は、町長を務めていた中川の自宅にたびたび出入りするほどの腹心の部下だった。一四年の南丹市長選挙で落選した後、地道に地域を回っていたのが奏功した。

それに加えて、「長らく続いた野中陣営の市政から変化を求める市民も多かった」（地元関係者）。前市長の野中元秘書、佐々木稔納の在任期間は一二年にわたっていた。

西村と市長の座を争ったのは、野中の甥で元南丹市市議会議員の野中一秀だった（野中広務の兄弟のうち、次男の野中一二三ではなく、三男の野中定雄の息子）。

広務の長女や前市長の佐々木が一秀の応援に駆け付けたが、西村に二六八票及ばなかった。「野中家」のブランド力は健在だったが、いかんせん本人の知名度が低かった。

なお、この市長選挙において、野中広務の実弟、一二三は股裂き状態に陥っていた。甥の一秀の出陣式であいさつをしたり、激励文を送ったりして弔い合戦に加勢しているようにも見えたが、裏では側近に「（中川陣営の）西村を応援してやってくれ」と要請してもいた。

晴れて市長に就任した西村は仰天人事を発表した。副市長に、中川が会長を務めるＪＡ京都の常務だった山内守を抜てきしたのだ。行政経験のない人物の登用には、「さすがに中川に忖度《そんたく》し過ぎではないか」（市議会関係者）という声が上がった。

副市長の人事案を審議する市議会は野中陣営が多数派のはずだった。二二人の市議会議員のうち市長選挙で西村を支持したのは六人だけで、一四人は一秀を推していた。

ところが、いざ副市長の人事案の決議となると、「野中陣営の一四人のうち反対したのは三人だけだった。多数が長いものに巻かれてしまった」（自民党関係者）。

野中広務の他界後、怖いもの知らずになった中川を敵に回すのは、市議会議員といえども相当な覚悟が必要になっていた。

「身内優先」の人事は副市長だけにとどまらなかった。中川の長男、中川泰臣が南丹市の顧問弁護士に就任したのだ。

団体幹部ポストを次々に奪取

地元の首長ポストを押さえた中川は、次に野中陣営が就いていた公益財団法人などの幹部ポストを奪いにいった。

その典型が八木町農業公社への人事介入だった。

一九年四月まで、同公社の理事長はバリバリの野中一派の元八木町長が務めていた。理事の改選期が近づくと、南丹市副市長の山内や同市農林部長が公社を訪れ、理事の交代を求めるようになった（理事長は、六～七人の理事の中から選ばれる）。

公社側が、なぜ理事を代える必要があるのか聞いても市は明確に答えなかった。公社の財務は健全で運営に問題があるわけではなかった。定款では、理事を選ぶのは市ではなく公社の評議員会であると定められていたので、公社が市の要請に応じないでいると、突然、配達証明つき郵便が送られてきた。

郵便は、市からのものと、ＪＡ京都からのものと計二通あった。驚くべきことに、二つの封筒の中には公社の次期理事候補者を意味するとみられる名簿が一枚ずつ入っていた。二枚の名簿にはまったく同じ人物名が並んでおり、書式も同じだった。「名簿の人物を理事にしてもらいたい」とは書いていなかったが、副市長から圧力を受けた経緯があるだけに、公社は、人事に介入されていると受け取らざるを得なかった。

その名簿にある人物を理事に選ぶ方向で、評議員にも根回しが行われていた。当時の理事長からすれば外堀を埋められた格好だった。

結局、理事長は退任し、名簿にあった中川と親しい旧八木町の元助役が新理事長に納まった。公社は中川陣営が支配することになったのだ。

市は公社を指導する立場であり、農協は公社の出資者だったが、理事改選への介入はさすがに行き過ぎだった。内閣府公益認定等委員会事務局は「市が（農業公社などの）公益財団法人の理事を指名するのはよろしくない。不特定多数の利益のためにある組織なので、理事選出においては恣意性の排除と、透明性が求められる」と話す。

市や農協による公社への人事介入は、「名簿」という証拠が残っていたこともあって南丹市議会で問題になった。だが、その問題を取り上げた市議会議員も結局は、追及しきれなかった。

公社への人事介入は、隣の旧園部町にある園部町農業公社の関係者を震撼させた。

園部町農業公社は集客力のある農産物直売所を運営しており、農業公社にしては珍しく黒字経営を実現している優良な経営体だ。理事長は元園部町長の一二三が務めていたが、二〇年一二月に退任した。すると、ＪＡ京都から園部町農業公社に、貸借対照表の細目について照会する複数の文書が届き始めた。

南丹市も園部町農業公社の役員人事に強い関心を寄せているようだ。南丹市園部町のある農家によれば、「副市長の山内が農業団体関係者を通じて、園部町農業公社の役員改選の動向をたびたび確認している」という。

前出の農家は「八木町農業公社の例があるので、旧園部町でも市と農協が農業公社に理事を送り込んで支配しようとしてくるのではと心配だ。農協はコメの集荷場を廃止するなど急激に農業関連の事業を縮小している。農協の組合員サービスを補強する目的で、農業公社を手中に収めようとしているのではないか」と警戒心をあらわにする。

中川の農業団体における勢力拡大はこれにとどまらない。

「京都府農業共済組合（ＮＯＳＡＩ京都）」の組合長は、長らく野中広務と昵懇の間柄にあった元京都府副知事の草木慶治が務め、にらみを利かせていた。しかし、草木退任後は前出の旧八木町元助役が理事に就任するなど組合内で中川の勢力が伸長。「草木が進めようとしたトップの人事案がひっくり返されるなど中川陣営が影響力を強めている」（地元関係者）。

府内の農業委員会などでつくる京都府農業会議も草木が会長を務めていたが、草木退任後は同副会長の中川の発言権が増し、ＪＡグループ京都からの理事選出枠数が拡大した。

野中自身が会長を務めていた京都府の土地改良事業団体連合会も同様の運命をたどっているようだ。野中の会長退任後は、中川の影響下にある首長や地域の土地改良区理事長が役員に就任。「中川は地域の有力者に対し、土地改良区理事長への就任を後押しする条件として（子飼いの政治家が出馬する）選挙での協力を求めるなど、人事を政治力の増強に利用している」（同）という。

京都府の農業界における中川の権力は絶大だ。京都府庁で開催される農業関連の会議に中川が出席する際は、府の幹部職員らがわざわざ建物の一階まで下り、並んで中川をお出迎えするのが恒例となっている。

野中兄弟がつくり上げた福祉法人をキングメーカーとして支配

中川が牛耳っているのは農業団体だけではない。

四二年間にわたって一二三が理事長を務めてきた南丹市の社会福祉法人「長生園」を中川は事実上支配することに成功した。

長生園は一九五六年に当時の京都府船井郡六町の支援を受け、六町の社会福祉協議会（各協議会の会長は当時の町長ら）を母体に設立された。特別養護老人ホームなどを運営しており、利用者の定員は約四〇〇人に上る。府内でも有数の規模だ。

その公共性の高さから当初は現役の町長が理事長を務めてきたが、一二三が長らく理事長を務める間に、理事会は元八木町長の中川ら一二三の方針に従うイエスマンの元首長らで固められていった。現役首長という縛りがなくなったので、首長〝経験者〟の中からイエスマンを選ぶことが可能になった。

一二三が高齢になったこともあり、近年、長生園においても理事の中川の影響力が強まっていた。長生園の実務を取り仕切る業務執行理事のポストには中川を「おやじ」と呼んで慕う西岡季晃が就いていた。

野中広務はかつて自身も理事長を務めた長生園の現状を「『これでは私物化されかねない。現役首長らが理事としてガバナンスを利かせる昔のやり方に戻さなければならない』と憂いていた」（広務の側近）という。

だが、広務が死去すると、まさに懸念していた通りのことが起きた。二一年の長生園理事長の改選において、中川がキングメーカーとして君臨することになったのだ。

新理事長を互選する理事会当日、九〇歳になった一二三による理事長退任のあいさつが終わると、次に議長が指名したのは何と中川の子飼いの南丹市長、西村と京丹波町長、太田（当時）だった。オブザーバーという立場で発言した二人は、そろって新理事長に一二三の娘、中村裕子《ひろよ》を推した。

中村は、現役首長どころか首長経験者でもない。少年スポーツの指導経験はあるが、福祉や介護の経歴はほぼ皆無で、かつての長生園の理事長とは明らかに異なるキャリアの人物だった。

長生園の定款では、理事長を決めるのは理事らであって、市町長が人選に介入するのは越権行為だ。市長になる前に長生園の常務理事を務めていた西村はそのルールを承知しているとみえ、「私の発言が理事の皆さんのご判断に何ら影響を与えるものでは当然ないが」などと慎重に前置きをしたが、その後、「理事の中でどなたが良いのか、なかなか申し上げにくいが、あえて言うと、(中略)私は中村さんがいいのかなあと思っている」と述べた。

続けて意見表明した太田は西村のような回りくどい言い方をせず、「私からも推薦させていただきたい」と明言し、中村を絶賛した。

両首長の発言を受け、議長が「理事長の互選に当たり、理事の皆さんからご意見やご推薦はありますか」と発言を求めると、すかさず中川が挙手してこう演説した。

「長生園は、野中広務理事長、一二三理事長が地域のお年寄りのためになる施設として見事につくり上げてこられた。(中略)中村さんについて、いま市長、町長が言った通りに……。(中川を慕っている)西岡理事も命を懸けて中村新理事長を支えていくという約束をしていただいて、ここで選んでガーガーせんと、議長を務めているあなたが、きちっとそういう方向(中村を新理事長にする方向)で進めていただくようにお願いする」

結局、満場一致で新理事長は中村に決まった。二人の首長と地域のフィクサーが応援演説を行った後で、それに反対できる理事は一人もいなかった。

理事を選任する権限のある評議員会には反対しそうな人物がいたが、理事長交代前に排除されていた。「内部で決まったことだから評議員を辞めてくれ」と長生園の事務局から理由の説明もなく一方的に告げられたのだという。

上記の理事選出時のやりとりを踏まえれば、長生園の新体制が、中川のかいらいと思われても仕方がないだろう。

長生園には大勢の施設利用者（＝有権者）がいる。その点、長生園を牛耳ることは選挙で有利になるかもしれないが、筆者は、中川には別の動機があるのではないかと考えている。それは前述の中川演説の冒頭、「長生園は、野中広務理事長、一二三理事長が地域のお年寄りのためになる施設として見事につくり上げてこられた」という箇所に端的に表れている。中川は野中広務が関わった組織を一つ一つわが物にすることに執念を燃やしているように見えるのだ。

京丹波町長落選で黄金期も終焉へ

京都の陰のフィクサーとして勢力を拡大してきた中川だが、さすがに強引さとアクの強さがたたって「勢力の逆回転」に直面している。

彼にとって痛手だったのが、二一年一一月の京丹波町長選挙で現職の太田が元副町長に敗れたことだった。

中川は、なりふり構わぬ選挙応援を行ったが、結果には結びつかなかった。その選挙応援とは、（1）自身が会長を務める政治団体が主催した花火大会の案内状で京丹波町長選挙に立候補する太田への支援を求める（詳細は第三章の4参照）、（2）中川が会長を務めるＪＡ京都中央会が出資するローカル局、KBS京都のテレビ番組「あぐり京都」に太田を出演させ、「(町長として)暮らしの安定安心や子育て支援、産業振興などを中心に、町づくりを行ってきた」ことなどをアピールさせる——などである。通常、同番組の主役は「九条ねぎ」などの特産品や、それを作る農家なので、突然の町長の出演に違和感を持つ視聴者は多かっただろう。

中川は地域を牛耳るための橋頭堡《きょうとうほ》だった二人の首長(京丹波町長の太田、南丹市長の西村)の一角を失った。

だが、次なる大一番では粘り腰を見せた。

二二年四月の南丹市長選挙で、中川が支持する現職の西村が、リベンジを狙った野中の甥、一秀の挑戦を退けたのだ。

野中の血縁で政治活動を行っているのは一秀を残して他にいない。一秀が政治の道を諦めれば、「野中王国」はいよいよ消滅することになる。

南丹市は、市長、副市長、市議会、農業公社、福祉法人などが中川の影響下に入り、「中川王国」のような状況になりつつある。

とはいえ、中川もすでに七一歳だ。「若い頃は筋力トレーニングで鍛えていたが、さすがに体力は衰えている。以前は年に数回海外を飛び回っていた。しかし、いまは海外出張して晩餐会(詳細は後述する)を仕切る体力が残っているのかもわからない」(JAグループ京都関係者)。また、かつてあれほど避けていた「車椅子も、使うことが増えている」(別のJAグループ京都関係者）という。

中川は、自らの政治的な影響力を長男で弁護士の泰臣に引き継ごうとしているようだ。「かつて自らが衆議院議員選挙に出て当選した京都四区から、長男を出馬させるのでは」（複数の地元関係者）とみられているのだ。

中川はかつて、野中との権力闘争で自分が勝つことになる根拠を周囲に語るとき、「自分のほうが若いこと」や「野中には男の子がいないが中川には二人の息子がいること」を挙げることが多かったという。野中には一人息子がいたが夭折していた。片や、中川には長男の泰臣と、次男でＪＡ京都常務を務める泰國がいる。

今後、二人の代理戦争は息子や甥たち下の世代に引き継がれていく可能性が高い。

中川は足の障害、野中は被差別部落出身という逆境をバネに伸し上がったたたき上げだが、下の世代にそのような〝雑草魂〟はない。だが、地域内の対立や分断など、上の世代が残した負の遺産だけは引き継がざるを得ない。そうした中で、中川や野中の継承者として選挙を戦うのは相当な覚悟が必要だろう。

4 農業版「桜を見る会」、海外宮殿での晩餐会

中川泰宏が近年、最も力を入れているのが京野菜を使った料理を海外で振る舞う晩餐会だ。農産物の輸出拡大のための国の予算が一回当たり二五〇〇万円も投じられるこのイベントは、現地在住の招待客より、日本からの参加者のほうが多い「いびつ」な構成比率で開催されている。中川の政治力アップという私的な目的のために行われている海外晩餐会の虚構を明らかにする。

衆議院議員でなくなってから全国的な脚光を浴びることがなくなった中川が年に一度、NHKなどの全国ネットのテレビ番組に登場する機会がある。自ら陣頭指揮を執って海外で開催する晩餐会だ。

中川は和装で会場に現れ、政府高官ら二〇〇～三〇〇人を前にまるで主催者であるかのようにあいさつする（実は主催者ではないのだが、その点は後ほど詳述する）。まさに晴れの舞台だ。「中川は事前に会場入りし、カメラの角度などテレビ映えするよう事細かに指示する」（JAグループ京都関係者）ほどの力の入れようだという。

水菜や万願寺甘とうなどの京野菜や宇治茶を使った料理を振る舞うこのイベントには、農産物輸出拡大のための国の予算が毎回二〇〇〇万～二五〇〇万円、開示されている五回分で合計一億二〇〇〇万円が使われている（正確には晩餐会だけでなく、その翌日にレストラン経営者らを対

象に行われる小規模な試食会など一連のＰＲイベントに投じられる予算を含む）。

フランスのベルサイユ宮殿などの豪華な会場に大勢のエグゼクティブを集めて開かれる供宴は、その華やかさもあって国内外の多くのメディアに取り上げられる。

農産物の貿易自由化反対など、何かと内向きになりがちな農業界にあって、中川に「海外市場を開拓する改革派のリーダー」というイメージがあるのもこの派手なイベントのおかげだ。

しかし、晩餐会について調べていくと、その主目的は輸出拡大ではなく、中川の政治的な影響力の拡大という私的なものなのではないかと考えざるを得ない実態が浮かび上がってきた。

2018年にバチカン市国のバチカン美術館で開かれた晩餐会。
参加者320人中、日本からの参加が過半の170人を占め、現地からの参加は150人だった
（写真提供：共同通信社）

はたして輸出拡大につながるのか

まず疑問なのは会場の選定である。中川はベルサイユ宮殿や英国のハンプトン・コート宮殿、バチカン市国のバチカン美術館など、食事会などが催されることがないレアな場所で晩餐会を開くことにこだわっている。

当然、そういった場所を押さえるのは簡単ではない。たとえば、バチカン美術館は講演会が開かれたことはあっても食事会の前例はなかった。そのため美術館側から断られていたが、「(中川が)五回にわたって渡航し、交渉を重ねて開催の許可を得た」(時事通信社の農業情報誌『Ａｇｒｉｏ』二〇一八年七月一〇日号)という。

ベルサイユ宮殿も同様だ。晩餐会の開催を打診したところ「先方のトップに一笑にふされました」(経済誌『プレジデント』二一年五月一四日号記事)。だが、そこで諦める中川ではない。「あらゆるツテをたどっていき、宮殿を修理しているスポンサーだった酒造メーカー、ペルノ・リカール社と接触することができ」(同記事)、同社と共催するかたちで晩餐会を実現させた。

しかし、である。おいしい料理を味わってもらい輸出につなげるのが本来の目的のはずなのに、ベルサイユ宮殿には肝心の厨房施設がない。料理人が車で三〇分も離れた場所で仕込みをして運ぶ「前代未聞の取り組みとなり、かなり困惑した」(主催者側のある参加者)。

このことから、中川は京野菜の輸出拡大よりも豪華な会場で開催すること――、すなわちテレビ番組での見栄えを良くすることを優先しているのではないかと疑わざるを得ないのだ。

そして、「そもそも論」になってしまうのだが、晩餐会を開催した国からして、農産物を輸出しにくい所が少なくない。

たとえば、一五年度に晩餐会を開いた中国は、動植物検疫を盾に輸入をブロックしており、日本から輸出できる生鮮食品は梨、リンゴ、コメしかない。京都産農産物のターゲットにする市場は別なのではないかと指摘せざるを得ないのだ。

晩餐会の開催国は第一回のフランスから、トルコ、中国と続くが、この三ヵ国は「世界三大料理の国というテーマで選ばれた」（前出とは別のＪＡグ

海外晩餐会の招待客数と使われた予算額

日本産食材の魅力PRが目的なのに客の過半が日本人

開催年度	開催地	招待客数		使われた国の予算
		日本側	現地側	
2013	フランス	146人	45人	国が文書を廃棄し非開示
2014	トルコ	160人	110人	国が文書を廃棄し非開示
2015	中国	240人	100人	1999万円
2016	ロシア	128人	169人	2499万円
2017	英国	138人	132人	2498万円
2018	バチカン市国	170人	150人	2499万円
2019	スペイン	145人	145人	2499万円
2020	ドイツ	—	—	コロナ禍で開催ならず

ループ京都関係者)。晩餐会に出席する日本人のツアーを組んだ農協観光は、第三回までの晩餐会のテーマが世界三大料理だったことを認めている。

開催地の選定には、日本からの招待客の受けを良くしようという視点はあっても、輸出を拡大するという視点はないように見えるのだ。

次なる疑問は招待客の構成だ。中国における晩餐会に招待されたのは、日本側(日本から参加した政府関係者やJA関係者ら)の二四〇人に対し、中国側は一〇〇人しかいなかった。

これでは何のための晩餐会なのかわからない。この傾向は中国開催時に限った話ではない。

一三年度のフランス、一四年度のトルコ、一七年度の英国、一八年度のバチカン市国での開催でも日本側の客数が現地在住の客数を上回っている。

予算の無駄遣いに農水省が苦しい言い訳

こんな実態のイベントに国の予算が使われていることに問題はないのだろうか。筆者は疑問に思って農水省に情報公開請求を行った。

開示された資料の大部分は黒く塗りつぶされていた。公費の使い道についても同様だ。たとえば、一九年度にスペインで行われた一連のPRイベントに使われた約二五〇〇万円の内訳は事務局活動費四三〇万円、イベント開催費一九一三万円、一般管理費一一七万円、消費税四〇万円という大枠しか明らかにされなかった。

ただし、農水省にさらに取材すると、前出のイベント開催費には、日本人と外国人の両方の招待客にかかった会場費と食材費が含まれることがわかった。

そこで、各国における晩餐会などにかかったイベント開催費を晩餐会と小規模な試食会の参加者数で割ってみた。単純計算にはなるが、中国では一人当たり二万九四一二円だった。その後、財布のひもが緩んだのか、ロシアでは五万四九三三円、英国では七万一七〇六円、バチカン市国では五万五二一一円、スペインでは六万九二四円に膨らんだ。

豪華な会場で開くだけあって高コストである。これだけ高級な会食の経費を、輸出につながる外国人の分はともかく、日本側の招待客の分まで日本政府が負担することに国民の理解が得られるとは思えない。

なお、イベント開催費などの支出が国の予算の範囲内で収まらない場合、PRイベントの運営を農水省から委託されたJA全農子会社の全農ビジネスサポートや、JA京都中央会が出資するローカル局、KBS京都が補塡する「自己負担部分」が発生することがあった。逆に、中国での開催時のように、イベント開催費は自己負担ゼロで「国費部分」のみで賄《まかな》えたケースもあった（前述の客単価の試算に使ったイベント開催費は国費部分のみ）。

農水省が開示した報告書（全農ビジネスサポートやKBS京都から同省が受け取ったもの）では、民間の自己負担額は黒く塗りつぶされていた。イベント開催費の収支において自己負担が発生するか否かは「会場費が高いか安いか、協力者から食材の無償提供を受けて節約できるかどうかなどで決まる」（農水省海外市場開拓・食文化課）というから、自己負担はあくまで不足分の補填であり、その額が国費の支出額を上回ることはないと考えていいだろう。

主催者は農水省なのに実績をアピールするJAグループ

そこで問題になるのが、晩餐会などの主催者は本来、農水省であって、開催経費の大部分を負担しているのに、JAグループ京都があたかも自分たちが主催者であるかのように実績をアピールしていることである。

前述の農水省への報告書には晩餐会の主催者は「日本国農林水産省」と明記されている。一方のJAグループ京都は協力者の欄に記載されている。

ところが、JAグループ京都のウェブサイトにある晩餐会の報告ページには、主催者の欄にJAグループ京都、JA全農、農林中央金庫とあり、農水省はなぜか協力者ということにされていた（本稿がダイヤモンド・オンラインに掲載された二二年一月七日以後、主催者や協力者についての情報はウェブサイトから削除された）。これではお金は国に出させて、手柄だけJAグループ京都が持っていっているのではと疑われても仕方がない。

JAグループ京都のウェブサイトによれば、直近の五回の晩餐会（一五〜一九年度の各回）の前に開催された一三年度のフランスと、一四年度のトルコでの晩餐会にも農水省は協賛している。協賛の具体的な内容について農水省に聞くと、「文書がすでに廃棄されているため、詳細は回答できない」（海外市場開拓・食文化課）という答えだった。農水省の情報公開に対する姿勢を疑わざるを得ない。

それでも、情報公開請求で新たにわかったこともあった。日本からの出席者の情報である。

晩餐会に出席した人物の所属、氏名とは

一七年度の英国での晩餐会に日本から招待された客の「上座」から紹介していこう。

日本側の主賓は、中川と最も親しい政治家といえる元農相で農林族議員のドンの西川公也（一六年度の晩餐会以降四回連続出席の常連客）。次いで在英日本国大使の鶴岡公二、小泉チルドレン時代から中川とつき合いのある内閣官房参与の飯島勲（晩餐会七回にすべて出席）と続く。そうそうたる顔触れだ。

当日はこの三人がスピーチした後、中川があいさつに立ち、その後、乾杯の音頭を取ったのはなぜかＪＡ千葉中央会の幹部だった。報告書ではその幹部の氏名が黒く塗りつぶされていた。

ＪＡ千葉中央会会長の林茂壽は中川の盟友で、林が代表を務める政治団体が中川の政治団体「泰山会」が主催するパーティー券を購入するなど資金的なつながりもある（詳細は第三章の7参照）。これまでに名前を挙げた招待客の中でＪＡ千葉中央会の幹部だけがＪＡグループ京都のウェブサイトにある晩餐会の報告ページに存在しない。公になると不都合な事情でもあるのだろうか。

なお、一六年度のロシアでの晩餐会には前出の西川の地元栃木県からＪＡ栃木中央会の幹部が

英国ハンプトン・コート宮殿での晩餐会の主な出席者

JAグループ京都の「お友達」の政府関係者が毎年参加

	肩書等	氏名
政府関係	元農相・自民党農林族のドン	西川公也
	内閣官房参与	飯島 勲
	在英日本国大使	鶴岡公二
	在アゼルバイジャン日本国大使	香取照幸
	京都府農林水産部長	綾城義治
	亀岡市長	桂川孝裕
	所属組織	人数
JA関係	JA全中（西川の付き人役）	1人
	JA京都中央会	4人
	JA千葉中央会	2人
	農林中央金庫	2人
	JA共済連	4人
	JA全農グループ	7人
	うちJA全農	2人
	JA全農京都	1人
	JA全農ちば	1人
	JA西日本くみあい飼料	2人
	全農エネルギー	1人
	以下、地域農協は組合長ら役員と農家代表（青年部長、女性部長など）	
	JA京都（会長は中川泰宏）	30人
	JA京都市	9人
	JA京都中央	10人
	JA京都やましろ	10人
	JA京都にのくに	19人
その他	亀岡市ラグビーフットボール協会	2人
	KBS京都	1人

肩書等は当時のもの

招待され、乾杯の音頭を取っている（報告書ではＪＡ栃木中央会の幹部の氏名も黒く塗りつぶされていた）。

農水省に、晩餐会で使われた日本産食材を問い合わせたが、ＪＡ千葉中央会とＪＡ栃木中央会の幹部が招待された晩餐会の食材に両県の特産品は見当たらなかった。

以上がＶＩＰ待遇の日本人の招待者だが、この他に英国での晩餐会にはＪＡ全中一人、農林中央金庫二人、ＪＡ共済連四人、ＪＡ全農グループ七人（子会社を含む）、ＪＡ京都中央会四人が参加。地域農協からは中川が会長を務めるＪＡ京都三〇人、ＪＡ京都市九人、ＪＡ京都中央一〇人、ＪＡ京都やましろ一〇人、ＪＡ京都にのくに一九人の役員、農家らが出席していた。

ＪＡ全中の幹部職員は西川の「おつき役」として晩餐会に参加するのが恒例になっている。その遠征前後の日程で近隣の農家の視察にも同行するなど、農林族のドンと親しくなる機会として活用しているようだ。

行政からは京都府農林水産部長、亀岡市長が参加。同市においては亀岡市ラグビーフットボール協会という、どう考えても農産物の輸出とは関係のない組織から二人も参加している。

一九年ごろ、首相の安倍晋三が自ら主催する花見イベント「桜を見る会」に後援会関係者を多数招待していたことが明らかになり、公費の私物化であるとして集中砲火を浴びたことがあった。主催者である中川の「お友達」が多数招待されている晩餐会は、桜を見る会と同様の問題を抱えているといえるだろう。

ただし一点付言すれば、晩餐会の招待客の多くは、自腹を切って、つまり渡航費や宿泊費などの相当額を負担し参加していたことはたしかだ。

京都府在住のある出席者によれば、「ツアーは農協を通じて申し込んだ。請求額は個人で安い航空券などを予約する場合の二倍近かった。ツアー料金の内訳は不明だ」という。

ＪＡ京都中央会の職員や料理人にも、「三〇万円超」を自分で払って参加する者がいた。

ＪＡグループ京都関係者によれば「職員の他、農協の青年部長や女性部長といったリーダー格の農家が農協から勧められて参加することが多い。農協観光のツアーで、参加費は安くないが、農家には裕福な人も多いし、宮殿で食事ができる珍しさもあって参加者は集まる」という。

つまり、ＪＡグループ京都や農協観光は、国がイベント開催費を拠出する晩餐会を、中川の影響力拡大に利用するだけでなく、珍しさをウリにした観光ツアーで収益を上げていたとみられるのだ。

前出のＪＡグループ京都関係者は「お金持ちのＶＩＰの招待客からではなく、下々の職員や農家からはしっかりお金を徴収する。中にはつき合いで嫌々ながら晩餐会に行く人もいる。中川が取りやすい目下の人間からお金を徴収するのは不平等ではないか」と声を潜める。

筆者は農水省に「現地招待客より日本からの招待客が多いイベントに国の予算を使うことに問題はなかったか」や「予算の支出の細目」などを聞く質問状を送った。

農水省は「（晩餐会の）目的は、地方特産品を活用した日本食の海外での魅力発信であり、委託事業者が、地方特産品と多くの生産者の紹介とを併せて海外のメディア等へＰＲをすることにより、効果的にＰＲを実施したものと理解しております。経費の詳細については不開示としております」（海外市場開拓・食文化課）と回答した。

亀岡市ラグビーフットボール協会が参加している問題への農水省の回答は、「同協会は、委託事業者の事業協力者と思われます。委託事業者が本事業を効率的・効果的に実施するために必要

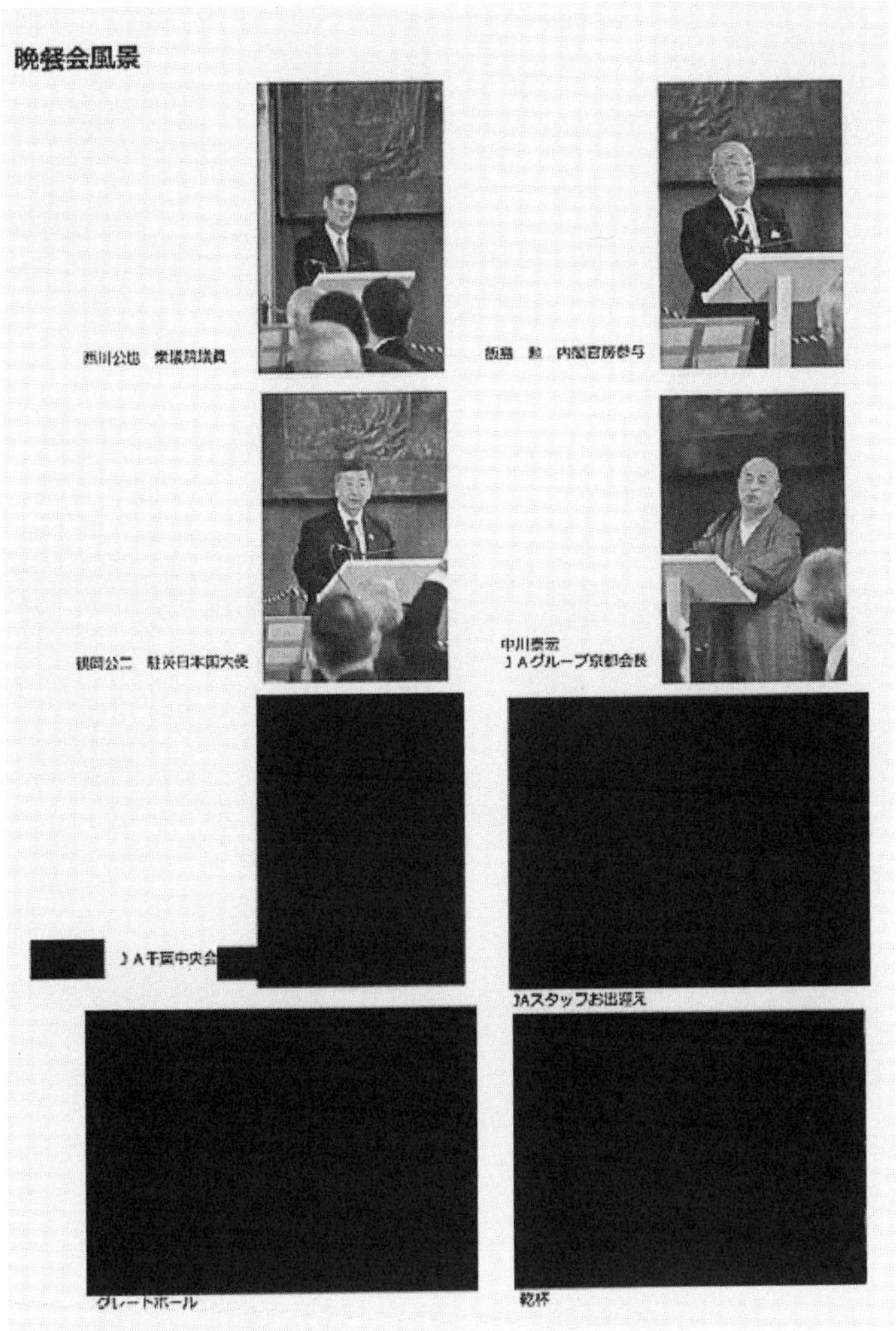

農水省が開示した2017年度の晩餐会の報告書。
JA千葉中央会からの出席者の写真と氏名が黒く塗りつぶされている

な者に協力を依頼し、委託事業者の判断でイベントへ招待することもあると考えております」（同）という理解に苦しむものだった。

筆者が亀岡市関係者に取材したところ、亀岡市ラグビーフットボール協会には「委託事業者の事業協力者」という認識はなかったようだ。関係者によれば「一九年の日本開催のラグビーワールドカップでイングランド代表のキャンプ地として亀岡市を売り込むため、市長と亀岡市ラグビーフットボール協会幹部で英国へ行く計画があった。市長が晩餐会に行くというので、同協会もつき合いで市長と同じツアーで申し込んだ」という。

本気で輸出を増やそうとしているのか

筆者は、ＪＡグループ京都を束ねるＪＡ京都中央会や、晩餐会に協賛したとされる京都府と京都市に、（1）日本側の招待客が多過ぎることは問題ではないのか、（2）日本側の招待客に使われた公費はいくらか、（3）晩餐会によって輸出増などの実績が上がったのか――などの質問を送った。

すると、京都府からのみ回答があった。府は「晩餐会には協賛しておりませんが、府が幹部職員を派遣したことからＪＡグループ京都はウェブサイト上で〝協賛〟と表記されたと思われます」（流通・ブランド戦略課）と断った上で、「京野菜は国によって輸入規制があることや輸送距離・輸送費などの課題から直接輸出増に結びつかないところもありますが、（晩餐会で）京の食文化の発信を通して、府の農林水産物やその加工品のPRに繋がっており、府の農林水産物等の輸出額は年々増加しております」（同課）と回答した。

京都府からの農林水産物の輸出額は晩餐会が始まった一三年度にはわずか三億円弱だったが、二〇年度に一六億円までは伸びているという（日本全体の二〇年の農林水産物・食品の輸出額は九二二三億円）。

京都府の輸出増をリードするのが一六億円のうち約九億円を占める宇治茶だ（日本全体の二〇年の緑茶輸出額は一六二億円）。

であれば晩餐会は、京都府の主力商品である宇治茶を拡販できる国で開くのが最も効率的だと考えるが、日本から緑茶を輸出した実績のある有望国・地域（二〇年の緑茶の輸出先上位五ヵ国・地域の米国〈輸出額八四億円〉、台湾〈同一六億円〉、ドイツ〈同一二億円〉、シンガポール〈同七億円〉、カナダ〈同七億円〉）で、晩餐会が開かれたことはないのである。

実は、中川自身も晩餐会が輸出に結びつかないことは率直に認めている。一七年に農協幹部を対象にした講演で次のように述べているのだ。

京都はどんどんと京野菜を世界に持っていっとんや。でもいま（東日本大震災後）放射能（の関係で日本産農産物の輸出を規制する国が増えるように）なって輸出できへん。どの国に行っても放射能言われるねん。今年は（晩餐会を開きに）ロンドンに行こうと思うとんねん。農家喜ぶで。ロンドンで京野菜食べられるんやから。フランスのベルサイユ宮殿で毎年京野菜作ってんねん。この間も種持っていった。直売所で売ってんねん。そうすると農家は自信持つねん。京都の野菜は世界中でいけるやなと。輸出はできへんけど、農家が自信持ちよる。日本の人は、高いけどいっぺん食べてみようかと言わはんねん。これがこれからの時代の（農産物のブランディングの）〝やりかた〟かなあ。

つまり輸出が増えなくても、農家が自信をつけたり、京野菜などのブランドが高まって国内で高く売れるようになったりすればOKという発想なのだ。この考え方が、「海外市場開拓」という国の予算の目標と相いれないことは論をまたない。

以上のように、この晩餐会は突っ込みどころがあり過ぎるのだが、最後にもう一点だけ指摘させてほしい。

農水省は晩餐会で料理を振る舞った後、招待客にアンケートを実施し、結果を報告することを求めている。ところが、英国開催時の報告書には晩餐会後のアンケートの結果が見当たらない（晩餐会翌日に開かれた小規模な試食会後のアンケートの結果は記載されていた）。英国に次いで行われたバチカン市国の晩餐会では、招待客三二〇人中アンケートを回収したのは九五人（回収率三〇パーセント）。翌年度のスペインでは回収率が改善するどころか一八パーセントに悪化していた。国費に依存した晩餐会は回を重ねるごとに、農産物の輸出拡大という本来の趣旨から外れていき、モラルハザードを起こしていたとしか思えない。

晩餐会の実施主体、開催目的、国費の使い道は、国民から見て不透明極まりない。

そして、まさに晩餐会が開催されていた時期に、政府と農林族、業界との癒着が問題になっていた。西川は一七年の衆議院議員選挙で落選し、内閣官房参与になるが、鶏卵生産大手の元代表から現金数百万円を受け取っていた疑惑が浮上して参与を辞任。農水省の枝元真徹事務次官も鶏卵生産大手の元代表から接待を受けていたため処分された。

農水省は中川から「食い物」にされるような予算の使い方を改めるとともに、業界との癒着を疑われないように襟を正すべきだろう。

エピローグ　子飼いたちに利用される昭和的「独裁者」

本書は、ダイヤモンド・オンラインの連載「農協の大悪党 野中広務を倒した男」（二〇二一年八月二三日～二二年三月一八日）を大幅に加筆、修正したものだ。連載のタイトルに「大悪党」を入れたのは、昭和の時代ならまだしも、これだけ人権の尊重や組織のガバナンスの重要性がいわれている現代において、力で弱者を抑圧する中川のような悪党はそうはいないと考えたからだった。

第三章で紹介した、農協の労組潰しや、ファミリー企業による悪質な地上げの例を見ても、中川には力を行使するのに何ら躊躇がないし、さほど隠そうとも思っていないように見える。悪行が巧妙化し、発覚しにくくなった現代において、堂々と悪事を行う中川が稀有な存在であることは間違いない。

しかし、七ヵ月にわたる連載を終え、筆者は「大悪党」は言い過ぎというか、過大評価だったと考えるようになった。悪党に「大」をつけるからには、その人物が、犠牲を払ってでも成し遂げたこと、あるいは成し遂げたかったことがなければ相応《ふさわ》しくないように思えたのだ。

小児まひの影響で足が不自由な中川は、幼い頃にいじめを受けるなど塗炭の苦しみを経験した。青年期の中川が「差別のない社会」や「頑張った者が報われる社会」を目指したのは必然といえるし、彼には、現実をそういった理想に近づけることができる能力やバックグラウンドがあった。

だが、中川の人生を取材すると、残念ながらそういった理念とは逆行するか、カネ儲けや保身のためだけにやっているように見える行為が少なくなかった。

筆者が、中川に最も聞きたかったのは、権力を手にして何をしたかったのか、ということだ。京都府の旧八木町長に就任後、京都知事選挙を一回、衆議院議員選挙を三回も戦ったのは、何のためだったのか――。

筆者は中川に何度も取材を申し込んだが、いずれも返事はなく、インタビューは実現していない。二二年秋に試みた直撃取材でも、残念ながら回答を得ることはできなかった。

野中を政界から退場させたことで利権政治は改められたのか

中川には、足の障害をバネに伸し上がった経験に起因するオリジナリティーがあるが、実は、彼の権力の握り方に特筆すべきものはない。金融機関を牛耳ることで「カネ」を、地元のマスコミを影響下に置くことで「情報」を掌握するその手法は、京都の政財界の黒幕と言われた山段芳春と共通するところが多い。というか、山段をモデルとしているとしか思えないところがある。山段は京都信用金庫の職員を選挙活動に駆り出してキングメーカーとなり、京都の政界、とりわけ京都市政に大きな影響力を及ぼした。中川が農協の職員を選挙に動員し、政治力を増強しているのとよく似ている。

山段と中川とで違うところがあるとすれば、中川は自らが選挙という表舞台に立って、野中という地元の絶対権力者と戦ったことだろう。〇五年の郵政選挙で野中の後継者を破り国政へ進出すると、その後も選挙があるたびに野中と死闘を繰り広げた。長年にわたる戦いの結果、京都の野中王国を瓦解させることに成功した。

だが、政治家として中川が大成することはなかった。

永田町で成り上がれなかったのは、猜疑心が強く、身内や限られた側近以外に仕事を任せられなかったからだ。自民党関係者が語った、「中川は肉親のことは信じるが他人は疑ってかかる。幼少期にいじめられたトラウマが影響しているのかもしれない。中央政界でも大物政治家に腹を見せて甘えることができなかった。永田町ではある程度、隙がないと先輩からかわいがられない。中川の隙のなさがあだになった」という人物評がすべてを物語っているように思う。

政界における勢力図の変化も中川に活躍の余地を与えなかった。中川は、小泉純一郎が会長を務めた自民党内の派閥、清和会と、野中がいた平成研究会（旧田中派の流れをくむ。旧称は経世会）との権力闘争の最中に咲いた「あだ花」のようなものだった。

小泉から、飯島勲（当時、首相秘書官）を選挙参謀としてあてがわれ、郵政選挙で当選したものの、小泉旋風が止むと中川も失速。その後、国政選挙に二度チャレンジしたが、最後の得票数は郵政選挙時の二〇パーセント弱まで減少した。他の大多数の小泉チルドレンと同様に使い捨てにされたのだ。

たしかに、清和会と平成研の派閥争いの結果、野中は政界引退に追い込まれた。最強派閥として君臨していた平成研は弱体化し、小泉内閣の重要政策だった郵政民営化をはじめとする聖域なき構造改革につながっていった。だが、結局は、自民党内で揺り戻しが起き、改革の気運はあっけなくしぼんだ。清和会にとって構造改革は、平成研を潰すための手段ではあったが、政治の最終目的ではなかったのだ。衆議院を解散してまで断行した郵政民営化も、民主党などによる政権交代後、一二年に成立した改正郵政民営化法によって骨抜きになった。

野中は後年、派閥、金権政治の象徴として抵抗勢力のレッテルを張られて集中砲火を浴びた。空港や道路、地下鉄の建設などの公共工事において、野中が土木業者をはじめとした利害関係者の仕切り役をやっていたのは事実だった。鹿島や大成建設といったゼネコンが、〇五年に「脱談合宣言」を行う少し前まで、ＪＲ京都駅近くにあった野中の事務所には建設業者の談合担当が日参していた。「野中が活躍した時代は、公共事業にゼネコンや暴力団が絡んで、それらの金が自民党の派閥を潤すという中選挙区時代の名残りがあった」(野中の支援者)。

野中の政界引退の後、「中選挙区時代の名残り」はさすがに消え去った。しかし、小泉政権、安倍晋三政権など清和会が実権を握る時代が続いても利権政治が改まることはなかった。派閥は解消するどころか復活したし、公費の私物化と批判された「桜を見る会」や、利益誘導と批判された「森友・加計問題」など、政府不信を招く醜聞はやまなかった。

中川は小泉チルドレン時代に築いた農水省とのパイプを生かし、国の予算を使って「お友達」を海外でもてなす晩餐会を毎年、開催してきた。このことに象徴されるように、権力者が地位を乱用して利権を漁る構図は変わらなかった（詳細は第五章の4参照）。

変わったのは、権力者が不正によって手にする金額が、田中角栄や金丸信が得たそれよりも一桁か二桁少なくなったことだ。こう考えると、やはり悪党は小粒化したのであり、中川が「大悪党」になり切れなかったのも当然かもしれない。

子飼いたちが求める一極支配は大企業にも共通する病根

二二年九月、京都の隣の奈良県で、中川と同じような独裁的な農協リーダーが任期途中で辞意を表明した。

辞任に追い込まれたのは、一二年以上にわたって「JAならけん」の経営を牛耳ってきた中出篤伸だ。中出は、JA全農の役員の地位を乱用してインサイダー取引を行い、一二〇万円超の利益を得た。証券取引等監視委員会の調査を受けたため、JA全農の役員を「一身上の都合」で辞任したものの、JAならけんの会長ポストにはしがみついていた。

中出のインサイダー取引は表沙汰になっていなかったため、ここまではJAグループの中の話でしかなかった。二二年六月に筆者が中出のインサイダー事件を報じ、農協会長を続投することの非常識ぶりを指摘すると社会的な問題に発展したが、中出は意に介さなかった。

中出の側近は職員向けの説明会で、「会長のインサイダー取引は刑事罰にならなかったので、辞職の理由にはならない」などといった非常識極まる言い訳を展開していた。奈良県でも京都府と同様、独裁的な農協リーダーが側近をイエスマンで固めていたのである。

しかし、ＪＡならけんの組合員は、インサイダー取引に手を染めた経営者が農協のトップを続ける異常事態を許さなかった。九月に農家らが「奈良県農協・中出篤伸会長の辞職を求める会」を結成。辞任要求の決議文をＪＡならけんの幹部に手渡し、県庁の記者クラブで会見を開いた。その模様をＮＨＫなどが取り上げたり、同会が、国道沿いの農地に、中出の悪事を追及する立て看板を立てる構えを見せたりすると、ついに中出は音《ね》を上げ、辞意を表明した。

隣県の独裁的農協リーダーの退場劇を中川はどんな気持ちで見ていたのだろうか。中出は農協トップに一二年以上居座る七三歳、中川は二七年以上居座る七一歳だ。トップとしてのキャリアは二倍、職員や組合員を統制する恐怖政治にも、より年季が入っている。おそらく、「京都では、奈良のような解任運動など起きはしない」と他人事《ひとごと》のように見ていたのだろう。

ＪＡグループ京都の米卸、京山によるコメの産地偽装疑惑の記事を書いてから、ＪＡ京都中央会との裁判の判決に至るまで（詳細は第一章参照）、疑問に思っていたことがある。それは、中川や、その右腕であるＪＡ京都中央会専務の牧克昌が、果たして本当に訴訟に勝てると考えていたのか――ということだ。

ＪＡグループ京都は外向けには「百パーセント勝訴できる」などと勇ましい情報発信を続けていたが、筆者は、それを京山やその他のＪＡグループ京都の事業への影響を軽減するための「強気のポーズ」なのだろうと考えていた。

しかし、ＪＡグループ京都関係者によれば、ＪＡ京都中央会のオフィスで敗訴の報告を受けた牧は驚いた様子で、声を荒らげて京都地裁の裁判官を批判していたという。つまり、中川や牧らは、裁判の情勢を正しく認識していなかった可能性が高いのだ。

筆者はそこに中川が築いた組織の限界を見る。側近を身内やイエスマンで固めた結果、耳の痛い情報を上げさせたり、多様な意見を戦わせたりする機会を逸し、視野狭窄《きょうさく》に陥っているのだ。

今後も、中川が恐怖政治で支配しているＪＡグループ京都において「政権交代」が起きることは考えにくい。同グループでは、メディアに対する恫喝的な訴訟に多額の出費をして敗北したり、農協組織を動員して悪質な地上げを行っていることが明らかになったりしても、中川の責任を問う声が表立って上がることはない。実際に、二二年六月、中川はＪＡ京都中央会などの会長に再任された。

中川は、ＪＡグループ京都をいつまで支配するつもりなのだろうか。たしかなのは、重用されている幹部やその周辺が、中川体制の存続を願っているということだ。商才に長けている中川は農協の経営をとりあえずは無難に行うし（長期的な農協の経営課題に対しては処方箋を示していないが、ここではその問題は脇に置く。農協の経営問題の詳細は第三章の2、7参照）、組織に貢献した職員に手厚い報酬を払うので、そういうものと割り切れば、子分としては居心地がいい。

「中川は二七年以上、組織を牛耳ってきたが、ナンバー2の専務やナンバー3の参事に中川のような才覚があるわけではない。むしろ彼らは虎の威を借る狐とみられて組織内で反感を買っている。もし、急に中川が権力を手放せば、相当な混乱が予想される」とＪＡ京都中央会の関係者は内情を語る。

ＪＡグループ京都にみられるような独裁者と子飼いたちの相互依存は、農協や地方にのみ存在するわけではない。トヨタ自動車や日本電産など日本を代表する企業においても、長期にわたって組織を統《す》べる独裁的リーダーとその取り巻きが、ＪＡグループ京都と同様のガバナンスやサクセッションプラン（後継者育成計画）の問題を引き起こしているように見える。

とどのつまり、組織を腐敗させるのは、独裁的リーダーの恐怖政治に乗じて甘い汁を吸い続ける子飼いたちなのだ。子飼いたちはリーダーと違い、自らは責任を取らなくてもよい安全圏にいる。「嫌われ役」や「社会的な批判」は、リーダーに押しつけることができる。言うことを聞かない末端の社員や職員は、トップの威光を笠に着て服従させるか、排除すればいい。

子飼いたちは自らの保身のために中川を聖域（サンクチュアリ）に祭り上げて利用しているのだ。中川の冷徹ぶりや政治力の強さは実態より増幅されて末端や組織外に伝えられる。ある意味で神格化されているわけだ。不可侵の存在として奉られた結果、彼は、ＪＡグループの中でアンタッチャブルな存在となっている。大学を卒業した小利口な役職員たちは、自分が会長や社長のポストを続投したいときやトラブルを切り抜けたいときなど都合のいい時にだけ中川を頼るが、それ以外ではできるだけ関わらないようにしている。

つまり、中川のような独裁者は、ニーズがあるからこそ存在しているといえる。独裁者をトップにいただく組織では、白いものでもトップが黒と言ったら黒になってしまうことは想像に難くない。「人権を尊重しよう」「リスクを取って挑戦しよう」「当事者意識を持とう」というようなことがお題目のように言われている昨今だが、上層部が付和雷同するばかりのいいかげんな組織は少なくない。農協でも、企業でも、政界でも、まだまだ中川のような独裁者はのさばり続けるに違いない。そういった組織は若手の人材から見限られ、やがて根腐れして倒れる。その責任は、独産者と同等に、子飼いたちにも問われてしかるべきだろう。

参考文献

中川泰宏『弱みを強みに生きてきた この足が私の名刺』PHP研究所 二〇〇二年
中川泰宏『北朝鮮からのメッセージ 日本への警告を込めて』家の光協会 一九九八年
魚住昭『野中広務 差別と権力』講談社 二〇〇四年
野中広務『老兵は死なず 野中広務全回顧録』文藝春秋 二〇〇三年
野中広務『私は闘う』文藝春秋 一九九六年
辛淑玉、野中広務『差別と日本人』角川グループパブリッシング 二〇〇九年
庄司俊作「野中広務『私の〈園部時代〉』」同志社大学人文科学研究所 二〇〇五年
大下英治『野中広務 権力闘争全史』エムディエヌコーポレーション 二〇一九年
御厨貴、牧原出編『聞き書 野中広務回顧録（岩波現代文庫）』岩波書店 二〇一八年
一ノ宮美成、湯浅俊彦、グループ・K21『京都と闇社会〜古都を支配する隠微な黒幕たち』（宝島SUGOI文庫）二〇〇二年
83会『UBUDAS 自民党1年生議員 83会代議士名鑑』メディアファクトリー 二〇〇六年
JA京都中央会『京都府農業協同組合中央会60周年記念誌』二〇一五年

あとがき

筆者はダイヤモンド社に入社する前、ＪＡグループの機関紙『日本農業新聞』の記者をしていた。その関係で、かねて京都の農協のドン、中川泰宏氏の悪評は聞いており、いつか徹底的に取材したいと考えていた。

しかし、なかなか取材の手がかりがつかめなかった。農協関係者は中川氏に対する恐怖感が染みついているため口が堅い。中川氏の地元、京都も敷居が高かった。飛び込みで取材に行ってみたが、相手にされなかった。

突破口になったのが、ＪＡグループ京都の米卸、京山のコメの産地偽装疑惑を報じたことだった。記事の真実性を巡り、中川氏が会長を務めるＪＡ京都中央会と四年間にわたる裁判を闘うことになったが、その間、「ダイヤモンド社が、ＪＡ京都中央会の中川氏とやり合っているらしい」という話が広まり、取材に協力してくれる人が少しずつ増えていった。

訴訟リスクが高い記事にゴーサインを出してくれた当時の週刊ダイヤモンド編集長、田中博氏と、その後の訴訟に付き合ってくれた後任の編集長、深澤献氏がいなければ本書の出版には至らなかった。

係争中は、JA京都中央会が他のマスコミを巻き込むなどして大々的なネガティブキャンペーンを展開したので、「ダイヤモンド社が不利」という見方をされたこともあった。「原告の請求棄却（ダイヤモンド社の勝訴）」は、当事者の私にとっては当然の判決だったが、長期間にわたる審理は正直しんどいことも多かった。サポートしてくれた浅倉隆顕弁護士、ダイヤモンド社の法務担当部長の北川哲氏、その後を引き継いだ岩川敏氏に深く感謝する。また、編集部の同僚だった小島健志氏（現DIAMONDハーバード・ビジネス・レビュー編集長）の助けがなければ、記事の根拠としたコメの産地判別の精度をわかりやすく裁判所に伝えることはできなかった。

痛快だったのは、一審の判決の前日に、JA京都中央会が主導する「JAの農家組合員数水増し」（第三章の5参照）を暴く記事を公表できたことだ。常識的には、「判決後に掲載しよう」と言われてもおかしくなかったが、社内にそうした慎重意見は皆無だった。批判すべきことは忖度せずに書くことを伝統とするダイヤモンド編集部らしい判断だったと思う。

裁判終了後、本書の元になった連載「農協の大悪党　野中広務を倒した男」の企画を後押ししてくれたダイヤモンド編集部の現編集長、山口圭介氏にも謝意を表したい。同連載は、経済メディアであるダイヤモンド・オンラインの中では異色の存在だった。事業の観点からみると効率的に稼げるコンテンツとは到底いえないものだったが、「面白そうだからOK」と即決してくれた。

最も長い時間を割《さ》いて連載をサポートしてくれたのが、同副編集長の浅島亮子氏だ。自動車業界の取材などで多忙を極める中、取材や構成について助言してくれた。筆者と同じ被告の一人として、JA京都中央会などとの訴訟につき合ってくれた戦友でもある。

連載の書籍化に当たり、ご担当いただいた講談社ノンフィクションチームの木原進治氏には、章立ての見直しや、追加で取材すべきことなどで的確なアドバイスをいただいた。本書はウェブでの連載が元になっていることもあって、当初はぶつ切りの記事の集合体でしかなかった。書籍というパッケージとして成立し得たのは木原氏のおかげだ。厚く御礼申し上げたい。

二〇二三年一月

千本木《せんぼんぎ》　啓文《ひろぶみ》

著者略歴

千本木啓文（せんぼんぎ・ひろぶみ）

1980年、栃木県生まれ。早稲田大学政治経済学部卒業、JAグループの機関紙「日本農業新聞」の記者（国会、農林水産省担当）を経て、2014年より「週刊ダイヤモンド」記者。前職での経験を活かし農業特集「儲かる農業」シリーズを7年連続で刊行。その他、電機、自動車、重工業界を取材。主な担当特集は「日立 最強グループの真贋」「迷走 皇帝なきJR東海」「飛べないMRJ」。

農《のう》協《きょう》のフィクサー

2023年 2 月 17日　第1刷発行
2023年 3 月 6 日　第2刷発行

著　者　千本木啓文《せんぼんぎひろぶみ》

発行者　鈴木章一

発行所　株式会社 講談社
〒112-8001
東京都文京区音羽2-12-21
電話　編集 03-5395-3522
　　　販売 03-5395-4415
　　　業務 03-5395-3615

印刷所　株式会社 新藤慶昌堂
製本所　大口製本印刷 株式会社

定価はカバーに表示してあります。
落丁本・乱丁本は、購入書店名を明記のうえ、小社業務あてにお送りください。
送料小社負担にてお取り替えいたします。
なお、この本についてのお問い合わせは、第一事業局企画部あてにお願いいたします。

ISBN978-4-06-530891-2

KODANSHA